U0672268

The Unique World
方寸

方寸之间　别有天地

蒋怡颖 / 译

THE WET AND THE DRY A DRINKER'S

酒鬼与圣徒

在神的土地上
干杯 ——————————

〔英〕劳伦斯·奥斯本 / 著

JOURNEY

社会科学文献出版社
SOCIAL SCIENCES ACADEMIC PRESS (CHINA)

目　　录

目 录

目 录

1
金汤力

Gin
and
Tonic

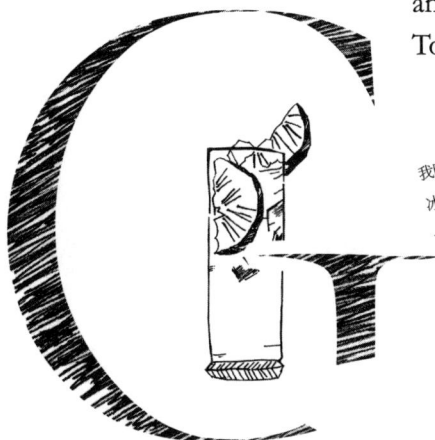

我时常在6点钟去米兰的酒廊喝一杯。
冰块在碰撞中发出低沉声响，
金汤力的青草香气弥漫开来。

那年夏天，米兰几乎天天都是 35 摄氏度的高温。联排别墅长廊酒店[1]附近的街道和广场上没什么行人。我强迫自己放下内心对挪威峡湾[2]和北极圈冰雪酒店的向往，咬了咬牙，走进酒廊。移动托盘上放着冰桶、柠檬皮和玻璃调酒棒，酒店住客可以在这里享用金汤力[3]。我一般喜欢挑人少的时候去酒廊，好独自享受移动吧台的服务。高大的窗户微微敞开，薄纱窗帘轻轻拂动，餐厅桌上摆着的鲜花慢慢凋零。酒水车上放着几只带有瓶塞的水晶酒壶，里面盛着叫不上名字的白兰地，除此之外，车上还有一碗腌制过的橄榄、几瓶安格斯特拉苦酒[4]和菲奈特[5]。这有点像是在一家豪华医院，你交了大笔

1　联排别墅长廊酒店（Town House Galleria），著名的七星级酒店，位于埃马努埃尔二世长廊，毗邻米兰大教堂。本书注释如无特别说明，均为译注。
2　挪威被誉为峡湾国家，境内的松恩峡湾、哈当厄尔峡湾、盖朗厄尔峡湾和吕瑟峡湾尤为著名。
3　金汤力（Gin and Tonic）是一款由金酒和汤力水调制而成的鸡尾酒，被誉为英国国饮。
4　安格斯特拉苦酒（Angostura bitters）以朗姆和龙胆草为原料，酒精浓度高，呈红褐色。
5　菲奈特（Fernet）是一种苦味酒，以蒸馏葡萄汁为母液，加入龙胆、苦菊等多种中草药制成。

的住院费，于是就可以偷偷地喝个烂醉如泥。纵情饮酒，因为你是凡人，而美酒是如此香甜。

咖啡桌上放着几本无人翻阅的时尚杂志，我听到隔壁餐厅有一群俄罗斯富豪正在用银具敲开龙虾钳，还对欧洲唯一的七星级酒店的葡萄酒发表着无知的看法。我听到他们说"西施佳雅"[1]，然后把酒水单往桌上一拍，哈哈大笑。这种酒一瓶就要 600 欧元。服务员问我对金汤力的调制有什么要求。我告诉他，汤力水和金酒的比例要三比一，用哥顿金酒，再加上三个冰块和少许柠檬皮，汤力水什么牌子都行。伴随着冰块低沉的碰撞声和扑面而来的温润的青草香气，服务员送来了金汤力。我的身心又松弛下来。它冰冷，如同液态钢。

我时常在晚上六点钟去酒廊喝酒，即便要去达威玛大剧院[2]做演讲也不例外。一天晚上，我接受了电视台和广播电台的联合采访。那晚的金酒尝起来分外甜美，更加令人沉醉。我说着话，直到周围的人脸色都变了，我能感觉到他们心里在犯嘀咕，心想这家伙到底和他们是不是一路人。我坐在那儿，谈论着自己最近的一本新书，

---

1 西施佳雅（Sassicaia）被誉为意大利拉菲，产自意大利托斯卡纳地区的圣圭托酒庄。
2 达威玛大剧院（Teatre Dal Verme）位于米兰，是举办音乐会、展览和会议等活动的重要场所。

具体说了什么，我已经记不太清了。当时我手里拿着玻璃酒杯，轻轻地晃动，冰块在杯中碰撞，发出咯嗒咯嗒的响声。有几位漂亮姑娘觉得很有意思。

"你对米兰是不是情有独钟？"

"我之前从来没有来过这里。"

"鸡尾酒会上总是会来一杯金汤力吗？"传来一阵笑声。

"这算是我的传统。"

在他们听来，这句话奇怪得很，尤其是此刻的我手里还晃动着玻璃酒杯。

"金汤力是英式鸡尾酒，"我说道，"是国饮。"

他们把我的话记录下来。几个世纪以前，在伦敦街头，"她"被称为日内瓦夫人[1]，非常受欢迎。

"停。"导演咕哝着。

最后，酒廊里往往只剩我一个人，桌上摆着酒杯，嘴唇因饮酒而湿润。我坐在窗户旁，面前是一杯 40 欧元的金汤力。我欣赏着长廊[2]，

1　光荣革命后威廉三世入主英国，金酒随之传入，被下层民众称为日内瓦夫人（Madame Geneva）。

2　埃马努埃尔二世长廊（Galleria Vittorio Emanuele II）南北长 196 米，东西长 105 米，高 47 米，是世界上最古老的购物中心。

在酒店的一楼有很多酒吧和咖啡馆。在 1877 年长廊开业的前两日，它的建筑设计师朱塞佩·门戈尼（Giuseppe Mengoni）不慎从玻璃拱顶上坠亡。埃菲尔铁塔的灵感正是源于这条长廊的铁艺设计。咖啡馆里灯火通明，酒店楼下的普拉达工厂店装点着水晶和镜面，熠熠夺目。中国游客簇拥在长廊中央的小牛马赛克图案旁，争相拍照。我看到西装革履的男士们坐在阳台上，面前摆着斯皮特鸡尾酒 [1]、误调的内格罗尼酒 [2] 和金巴利酒 [3]。在这里，大家都是坐在藤椅上饮酒，喝酒是欢乐的、公开的。酒吧提供酒水服务、冰钳和餐巾纸。没有人会站着喝酒，更没有人醉酒跌倒。没有人大吼大叫，更没有人会发酒疯。在意大利，我们都明白饮酒必须要遵循这些原则。男士们与他们的女伴相对而坐，谈笑风生。事实上，长廊设计的初衷是当今购物商场的原型，但它同时也是一个给人以充分安全感的室内餐饮空间。开胃酒和餐后酒的礼仪非常适合隔音良好的长廊，与这里的寓言壁画相映成趣。

1　斯皮特鸡尾酒（Spritz）以白葡萄酒为基酒，加入开胃酒、苏打水和柠檬等调制而成。
2　1972 年，米兰的一位酒保在调制内格罗尼酒（Negroni）时，误将起泡酒当成金酒加入杯中，结果竟出乎意外的好喝，于是便有了误调的内格罗尼酒（Negroni sbagliato）。
3　金巴利酒（Campari）是意大利开胃酒，饮用时通常会加入苏打水和柠檬皮。

"其他国家的人喝酒是为了让自己喝醉，"罗兰·巴特[1]曾写道，"这一点众所周知。在法国，醉酒只是结果，并非喝酒的目的。一杯酒能带来愉悦，却不是醉酒的必然原因。葡萄酒不仅可以怡情，更在于一种斟饮的惬意自得。"意大利人亦是如此。

我抿了一口用汤力水冲淡后的金酒。就像往常一样，在"进入"金汤力的瞬间（我把酒视为可进入的水池或场所之类的事物），我的心慢慢地回到了过去，回到那个一去不复返的童年时代的英格兰。但究竟为何如此，完全是个谜，正如禁酒主义者总是提醒我们这些生活离不开酒的人，人的头脑本身就是化学体，我们注定要控制它。

住在联排别墅长廊酒店的大都是阿拉伯富豪。有时，我会看到他们跟孩子以及戴着头巾的妻子在餐厅里寻找座位。他们会在包厢停下脚步，望着楼下的古驰店，然后再看看咖啡馆的阳台。他们的脸上似乎写满了鄙夷。欧洲与中东之间建立联系，很大程度依靠的正是这群来自海湾国家的阿拉伯富豪，但我总能感觉到，他们俯视楼下那些摆满花花绿绿酒精饮料的餐桌时，内心是迷茫而疏离的。即使是在他们当中很多人的故乡迪拜，人们也不会在公共场合，在

1　罗兰·巴特（Roland Barthes），法国作家、思想家和社会学家，作品包括《写作的零度》《符号学原理》《批判与真理》《文本的快乐》等。

如此繁华热闹的地方饮酒。我想，正是这种公开喝酒的放松氛围，让他们皱起鼻子，然后再松开，将目光移回摆着几瓶冰冷矿泉水的家庭餐桌。但这一切都只是我的猜测。

当我们看到那些富有的穆斯林和他们的家人一同出现在豪华酒店时，我们心里可能会想，"他们虽然有钱，却并不自由。看看他们的妻子。再看看他们桌上那几瓶冰冷的矿泉水。他们不能喝酒。"

我们并不清楚，究竟是女性穿戴希贾布[1]的风俗（只有精心涂抹的指甲或是美丽的脚踝才能体现出身体的优雅）让人不满，还是以软饮替代葡萄酒、用矿泉水取代布鲁奈罗[2]的做法更让人反感。在我们看来，围绕女性和酒的禁忌其实有着千丝万缕的联系。人们总会忽视酒精的作用。也许正是终日游走在我们血液里的酒精，让西方人感到自由自在，无拘无束，总是我行我素。穆斯林眼里的西方人永远是一副不易察觉的醉态，而对西方人来说，这是对空间和时间的合理支配。从青春期开始，一直到生命的尽头，我们终其一生与酒为伍。要将血液中残留的酒精成分清除殆尽，需要花上一周左右的时间，而对我们来说，做到连着一周滴酒不沾，几乎是不可

1　希贾布（hijab）指穆斯林妇女戴着的面纱或头巾，象征谦逊、隐私和美德。
2　布鲁奈罗（Brunello）是意大利葡萄酒，采用斯洛文尼亚大橡木桶熟成，被誉为托斯卡纳皇冠上的明珠。

能的。

这是一种不同寻常的自由。对于一位来自阿布扎比酋长国的百万富翁而言，布拉德福德（Bradford）周六晚上的社交简直就是个噩梦。如果在周末晚上 11 点把他放到戴根纳姆（Dagenham），他可能连自己在哪儿都不知道。在伦敦时，我有时会搭乘晚班车，从伦敦菲尔兹（London Fields）公园到老街（Old Street），一路上所看到的景象让人立刻想起《金酒小巷》[1] 的那些画面。而在这里，俯视长廊，他会发现，没有一位姑娘呕吐到不省人事，但黄昏时分的鸡尾酒对他而言似乎也谈不上什么自由。他或许会感到困惑，不明白为什么我们会对他们的行为有如此看法。

几年前，我搭乘公共交通穿行在爪哇岛上，这里大部分地区实行禁酒。从一个镇到另一个镇，我总是在收拾和翻开行李，不停地睡了又醒，醒了又睡，开始感到无聊乏味，整个人焦躁不安。更确切地说，血液中酒精的含量开始降低，我觉得自己身体更加轻松，头脑更加清醒，但焦虑带给我的压力也加大了。

---

1 《金酒小巷》（*Gin Lane*）是威廉·荷加斯绘制的版画，创作背景是 18 世纪的伦敦东区，当时那里聚集着因圈地运动而流离失所的农民，他们用比食物还便宜的金酒麻痹自己，果腹度日。

我感到疲惫，于是在宗教之都梭罗（Solo）住了一晚上，这座城市也被称为苏拉加达（Surakarta）。巴厘岛炸弹客就来自梭罗，这里还有一些宗教学校狂热地宣扬圣战，直接影响了印度尼西亚的旅游业发展。与基地组织有来往的伊斯兰祈祷团曾先后两次对位于雅加达市的万豪酒店发动爆炸袭击，第一次发生在 2003 年，第二次则发生在 2009 年 7 月 17 日。19 人因此罹难。雅加达万豪酒店素来以其繁华的名流酒吧而闻名。2002 年，该组织在巴厘岛库塔（Kuta）海滩的帕迪酒吧和莎莉夜总会引爆两颗炸弹，导致 202 人丧生。2005 年，他们故技重施，袭击了位于库塔的美食广场，以及西方人常去的金巴兰海滩上供应啤酒的小型露天餐厅，造成 20 人死亡，很多人是被弹片和炸弹里装满的钢珠击中而身亡。这些罪犯后来被处以死刑，他们还将自己的行为标榜为"正义"。

我在一家小旅馆住下，傍晚时走上街道，气氛怪怪的。

几位穿着白袍的学生在这个拥有 60 万人口的禁酒城市漫步，与此同时，清真寺正通过扬声器向人们布道。我会讲一点印尼语，因而能从一大串慷慨激昂的言辞中听出"不洁"[1]这个词，然后我开始思考他们口中的不洁之人究竟指谁。不洁的原因有很多，无可辩驳，

1　不洁一词更重要的是指宗教意义上的不纯洁，如使用左手、食用猪肉等不洁行为。

亦无法改变。我走到街角，向那群学生打听，看看附近有没有可以用餐并供应啤酒的饭店。

我并没有注意到奥萨马·本·拉登的画像，也没有留意到身穿白袍的男生们此刻正冷冷地盯着我。这个问题我是问得直白了些，但并无恶意。话刚出口，我便意识到自己说错话了，而且可能犯的是个致命的错误。当然，一切为时已晚，说出去的话再难收回，甚至开溜也来不及了。我不得不面对这即将到来的暴风雨。然而，这群男孩的反应却让我十分意外。他们听完我的问题，并没有表现出任何的愤怒或是不满。相反，他们做了件令人出乎意料的事情。这群男生邀请我一同去咖啡馆喝杯咖啡，一起"讨论"这个问题。或许他们可以让我明白，从更长远的角度来看，我提出的问题，即使算不上荒谬（我本来就是不洁之人），也至少没有问的必要。

我们一到咖啡馆，他们就开始争论：我有没有认识到酒给西方世界所带来的灾难。它是灵魂的瘟疫和疾病，但他们并没有按部就班、生搬硬套地阐述认同《古兰经》[1]禁酒律例的理由；相反，我发现他们的思维敏捷。这群男生一脸严肃地告诉我，他们都认为喝酒

---

1 《古兰经》是伊斯兰教的经典，是穆罕默德传教过程中陆续宣布的安拉启示的汇集。穆斯林饮酒是一种犯罪，穆圣曾说："真主弃绝饮酒者、酿酒者、卖酒者、运酒者和盛酒之器皿。"

的坏处在于它会让一个人失去正常神志，让所有人际关系发生扭曲，让每一个顿悟的瞬间化为泡影，甚至连信徒与真主间的纽带也会因此而变得不真实。男孩们陷入了沉思，他们说总有一天，所有酒吧都会被政府所取缔，这座城市将重新焕发出往日的美丽与生机，由内而外地得到净化。"但是，"我问道，"在这一切被净化之前，你们还是会去酒吧对吗？这是人之常情。"

听到这里，这群身形瘦长、清一色穿着白袍的年轻人，用脚抵着地面，纷纷调整了坐姿。忽然间，我们各自低下头，尴尬地盯着地面，一只水蝽正在烟蒂和瓶盖间摇摇晃晃地爬来爬去。坐在霓虹闪烁的咖啡馆里，耳畔不断传来清真寺的喇叭声，此情此景谁还能谈论所谓欲望呢？

谈话就在这个关键的时刻戛然而止。可我依然忘不了在米兰喝酒时所见到的那些只喝毕雷矿泉水[1]的阿拉伯家庭。那一晚，我喝得醉醺醺的，而他们却一滴酒也没碰，同这群男孩一模一样。对我而言，最难以忘怀的还是"灵魂的疾病"一词，因为越是深入地思考，就越会发现自己对这样的说法既无法全盘否定，也做不到完全认同。

实际上，一个人是可以从酩酊大醉和滴酒不沾这两种不同的状

---

1 毕雷矿泉水（Perrier）是一种气泡矿泉水，产自法国南部，被称作"沸腾之水"。

态中找到平衡的。或许每个酒徒的内心都渴望戒除酒瘾，而有的穆斯林或基督教禁酒主义者也渴望有朝一日能喝上一回酒。这里没有所谓的定论。任何事物都是辩证的，具有两面性。漫步在梭罗的街头，我心里暗暗地希望自己能碰上一位喝酒的穆斯林，来见证刚才的想法。

我穿过一个宰杀贩卖各类家禽的夜市，一路上经过一些咖啡馆。咖啡馆里坐着的清一色全是男士，一位女士也没有，他们慵懒地坐在摆放着软饮和茶壶的餐桌旁，不论是搅拌荔枝果汁，还是享用椭圆塑料餐盘上的食物，他们都坚持只用一只手，这种讲究的做法着实让人扫兴。他们总是把目光聚焦在不洁的外国人身上，让人感到浑身不自在。

一个非穆斯林坐在一群穆斯林当中，这种感觉很奇妙。它纯粹，令人向往，却又让人恼火。此时此刻身处梭罗的我，是不是因为知道这里的每个人都滴酒不沾而且始终保持清醒，才会产生这样的感觉呢？

我一直在思考，这个拥有 60 万人口的大城市怎么连一家酒吧也没有，这会是梭罗这座城市频出暴徒的原因之一吗？阿布·巴卡·巴希尔在梭罗创办了伊斯兰寄宿学校慕敏经学院（Al-Mukmin），2008 年被处死的三名巴厘岛爆炸案罪犯就曾在这所寄宿学校生活过，同时这里也是恐怖组织伊斯兰祈祷团的核心所在。伊马姆·萨穆德拉是巴厘岛爆炸案的罪犯之一。他在被行刑队枪决前，接受了美国有线电视新闻网（CNN）的采访。采访过程中，他用蹩脚的英文解释，炸弹的制作方法是他从网上学来的。在他看来，有太多人因"布什总统"而失去了生命，所以炸死那些在酒吧里喝酒作乐的人，并没有做错什么。另一名罪犯安罗兹则在接受采访时表示，看到那些满地焦尸的照片，他的内心毫无波澜。他说："这些人是异教徒，他们不是穆斯林。"梭罗市是他的故乡，我想对他而言眼前的这些街道再熟悉不过了。

越往夜市深处走，我越是感到不安，觉得不自在。我已经连续几天没有喝酒了。我还记得自己坐在米兰联排别墅长廊酒店里享用金汤力的情景，当时楼下酒桌旁人群的聒噪声，喝酒人齐聚一堂以酒会友的喧闹声，现在想来是如此悦耳。也只有身边围绕着禁酒主义者的时候，你才能切身体会到自己对酒精的化学作用有多么感恩。

已经记不得这是服务员第几次走过来，问我对金汤力的调制有什么要求了（我决定与"日内瓦夫人"共舞华尔兹）。他为我调酒时冰块碰撞发出的低沉声响，还有那弥漫开来的青草香气，都让我沉醉其中。40欧元一杯的金汤力看上去挺烈的，可金汤力的好坏又岂能用 30 欧元的差价来衡量呢？我转动着杯中的冰块，将玻璃杯微微倾斜，这样金汤力表面泛着油光的乳化层就一目了然。比起那年夏天风靡米兰酒吧的贝利尼[1]或柠檬雪泥鸡尾酒（sgroppino，即威尼斯人混合柠檬冰糕和伏特加调制而成的鸡尾酒），金汤力要好喝得多。这象征着高贵的金汤力，是一款真正意义上适合冥想的鸡尾酒，它源于英国对印度的殖民统治，同时也是热带高温和疾病（汤力水中的奎宁是用于治疗疟疾的药物）的产物。简单而又纯粹的金汤力是我唯一能迅速喝完的鸡尾酒，也是唯一一款喝完前冰块不会融化稀释浓度、使口感变得麻木的酒。

此刻，我的内心是如此平静，以至于无法从座位上站起来。我陷入了沉思，仿佛置身事外似的，思考着自己能否整晚都坐在这里。一位阿拉伯女人瞥了我一眼，我明白她心里在想些什么。可出乎意料的是，她忽然举起了手中的玻璃水杯，冲着我微笑致意。她好像知道我还没有喝完，或许还有一些，因为喝酒可以做到无休无止。人从呱呱坠地开始，一直到呼吸停止的那一刻，都在浑浑噩噩地喝酒。

1　贝利尼（Bellini）以威尼斯画派创始人贝利尼命名，由普洛赛克起泡酒和桃汁调配而成。

2
贝鲁特的一杯亚力酒

—

A Glass of
Arak in
Beirut

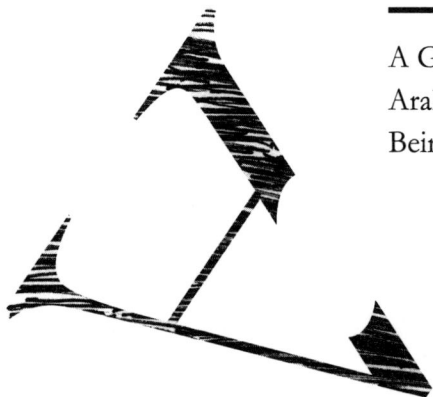

作为唯一拥有酒文化的阿拉伯国家，
黎巴嫩是连接饮酒与禁酒的重要纽带。

住在勒布里斯托酒店（Le Bristol）时，每当华灯初上，又恰好孤身一人时，我就会为自己点上一杯摇和调制的冰镇伏特加马提尼[1]——里面放上一枚穿在竹签上的罐头橄榄，像詹姆斯·邦德那样用力摇匀的那种。摇晃的过程中，冰块会逐渐稀释调和好的马提尼，让整杯酒的烈性有所降低。6点10分的酒吧，除了我以外，空无一人。吧台前的高脚凳还没被各国酒徒占领。现在正是享受鸡尾酒的时间，好不惬意。酒店旁便是玛丽·居里街（Marie Curie）和艾尔·侯赛因街（Al Hussein），成群的鸟儿在街上叽叽喳喳地叫着。这个时间，铺着地毯的酒吧里，还没有妓女四处揽客。其实，整个下午，我都窝在房间里小酌。而打完盹儿，冲了个冷水澡后，我的酒劲就过去了，手也不再发抖。我尽情品味着稍稍有些黏稠的小杯伏特加，陷入了沉思。这里就只有我一个人，没有人能干扰和影响到我。我是罪恶[2]的。

1　伏特加马提尼（Vodka martini）以伏特加代替传统马提尼中的金酒，采用摇和而非兑和调制。

2　haram 和 haraam 是由阿拉伯语译入英语的两个词。两者在词源上有联系，但内涵不同。haram 意为神殿或圣地，而 haraam 则指代罪恶或禁忌之物。——作者注我很喜欢这家酒店，出门不远就是贝鲁特的德鲁兹[1]公墓；要是哪天没人来接我，或者没有什么让人心烦意乱的对话，我就会去那边溜达溜达。德鲁兹人是可以饮酒的，喝酒对他们来说不存在所谓失礼或不敬。同样地，我也很喜欢 6 点 10 分后的这一个小时。指尖碰到今晚第一只玻璃酒杯边缘的那一刻，我仿佛化身亚历山大大帝，那位曾在酒会上一怒之下用长矛刺死自己傲慢朋友克雷图斯的人。

勒布里斯托酒店的酒吧是半隐藏在酒店大堂内的。总会有一些人坐在那儿吃蜂蜜蛋糕，而且一待就是一整天，光凭穿着很难分辨出他们的宗教信仰。这很考验眼力。其实，那些在酒吧一直待到深夜的商人，这么做是有他们自己的盘算的，他们中并不是所有人都是基督教徒。在黎巴嫩，基督教徒占总人口的 40%，在这里，饮酒不仅是合法的，而且还深受欢迎。我坐在酒吧的最内侧。服务员为我端来了第二杯伏特加马提尼，酒杯下面垫着一张餐巾纸，橄榄沿着杯壁滚来滚去。马提尼喝起来咸咸的，如同生蚝底部冰冷的海水汁液，一口下去，顿时让你感受到神经的刺激与松弛。喝这款酒，是需要一定勇气的。酒店旋转玻璃门外的街道上，有一位士兵正在

1　德鲁兹人（Druze）是什叶派伊斯玛仪派的一个分支，分布在叙利亚戈兰高地、黎巴嫩南部、以色列北部山区及约旦等国，他们不斋戒、不禁酒、不朝圣、不行割礼，只过宰牲节和阿舒拉节。

站岗，他漫无目的地注视着前方，腰间佩戴着一把自动式手枪。是时候该喝蒸馏酒了。啤酒和葡萄酒适合三两好友小聚，而对于那些孤身一人的酒徒而言，蒸馏酒才是他们的首选。我坐在座位上，盯着钟出神，酒保则反过来盯着我看，我们俩似乎都在等待着什么事情发生。

黄昏时分，第一批酒徒闯入了酒店大堂：他们系着歪歪扭扭的领带，穿着一眼就能认出的意大利皮鞋，在枝形吊灯下集合，然后再一起走向酒吧。很快，酒吧里欢闹起来，酒店外的灯红酒绿也显得黯然失色。我有点喝醉了，望着吧台上陈列着的一瓶瓶哥顿金酒[1]、尊尼获加黑方威士忌[2]、三得利和皇家之鹿[3]，这些全部都是在东方颇受欢迎的酒水品牌。随后，我的目光又落在冰桶里随意放置的冰钳、皮卡德烟灰缸以及酒保的几何形状黑色领带上。酒吧已经变得如此千篇一律，像教堂那样有章可循。从高脚凳到镜子，再到倒挂的玻璃酒杯、啤酒杯垫和墙纸，每一样都是从各个供应商甚至丧

1　哥顿金酒（Gordon's）以小麦、大麦芽、杜松子等为原料，是全球销量第一的金酒。

2　尊尼获加（Johnnie Walker）是苏格兰威士忌品牌，根据橡木桶的陈年时间和所用基酒的不同，以红方、黑方、绿方、金方和蓝方来命名不同等级和类型的威士忌。

3　皇家之鹿（Royal Stag）是由印度谷物烈酒和苏格兰麦芽威士忌调制而成的威士忌。

葬师那里精挑细选而来的。这些酒吧遍布在世界各地，甚至给巴布亚的内陆小镇也带来了欢乐。而且有酒吧的地方，就有人一醉方休，点唱机里播放着音乐，屏幕上远程播放着足球比赛，还有那一瓶瓶五颜六色的酒。这些酒可以追溯至 8 个世纪以前阿拉伯炼金术士和化学家所提炼的锑粉。他们用辉锑矿提纯得到硫化锑，再制成一种既可用于防腐，又可用于勾勒眼线的细粉。[1] 是否真如一些词典编纂者所说，锑粉的质地越细腻，蒸馏酒的纯度就越高呢？[2] 还是说从辉锑矿提炼"精华"制成锑粉的方法决定了锑粉的质地呢？或者不论采用何种方式，为了成就如今的自己，我们每个人都曾在这些地方投入了很多时间。我点了一根香烟，好奇这里是否允许抽烟，即使是在贝鲁特，然后像一滴雨那样融进了伏特加马提尼里。伏特加配根烟刚刚好，这两者似乎有着共同的本质。

　　坐在我旁边的阿拉伯人问了我一个问题，这是独自旅行的人总会被问到的。我告诉他们，自己目前正在休假，打算利用几个月的假期去旅行，到处走走逛逛，喝遍伊斯兰世界的酒，看看会不会因为喝不到酒而口渴难耐，顺便也利用这段时间戒戒酒瘾。这场旅行

1　古代阿拉伯妇女喜欢将锑粉涂抹于眼周，画出眼线和眼影。

2　锑粉（al-kohl）原指从锑石中精炼提纯获得的细粉，后逐渐引申为精华或精炼后得到的产物，英文中酒精（alcohol）正是源于该词。

可以说是一项自我挑战，但同时也是为了满足自己的好奇心，它最终可能会持续几年的时间。

"听起来很不错呢。"他们努力克制着自己的厌恶之情，点了点头。

但这么做究竟有什么意义呢？

我告诉他们，自己很想了解禁酒的穆斯林是如何生活的，也许我能从他们身上学到一些东西。

"所以你是个酒鬼咯？"

"从某种程度上来说是的，"我说道，"天性使然。"

他们说，好吧，不过在大部分伊斯兰国家，你都可以找到喝酒的地方。我回应道，当然不是这样的，在沙特阿拉伯就买不到酒。但在那里，人的心境会变得截然不同。也正是这种心境的不同，让我着迷。对于一个整日泡在酒缸里的人来说，这种心境的转换是发人深省、给人以启迪的。

"发人深省？"他们问道。

这个话题在沉默中画上了句号。这些阿拉伯人究竟属于逊尼派[1]、马龙派[2]还是德鲁兹派，很难判断。他们甚至有可能是什叶

1　逊尼派（Sunnite）是伊斯兰教中教徒最多的一个教派，承认四大哈里发、倭马亚王朝、阿拔斯王朝及土耳其帝国哈里发的合法性。

2　马龙派（Maronite）是基督教中东仪天主教会的一个分支，由叙利亚教士圣马龙创立。

派[1]。在他们眼里，我是个蠢货、骗子，又或者只是一个酒鬼。他们想的一点也没错。不过，当他们自顾自说起话来，我想到了伏特加，正是这点让我变得如此淡然。

我沿着静谧的罗马街往下走，穿过米歇尔·齐哈街，一路朝着海边走去，一栋栋洋房前密密麻麻地种着树，阳台上养着各式各样的盆栽，走在围墙外的街道上感觉格外敞亮。我走过奥马尔·达乌克街，然后抄小路穿过达布斯街。酒劲上头得厉害，需要缓一缓，于是我去雷迪森街后面的那个十字路口买了一杯鲜榨的西瓜汁，又在那儿抽了一斗烟。其实，在艾恩姆雷赛（Ain el Mreisseh）还有一家我时常会落脚的酒店——湾景酒店（Bay View），每天清晨，住客都可以享用水煮蛋和浓缩酸奶[2]，并尽情地欣赏美丽的海湾风光。

尽管湾景酒店的一楼有硬石餐厅[3]和夜总会，是沙特王子们经常光顾的地方，但这段海滨大道却从未让我感到丝毫压抑。我来到海

---

1 什叶派（Shia）拥护先知穆罕默德的堂弟、女婿阿里为合法继承人，占穆斯林人口的10%。
2 浓缩酸奶（Labneh）是黎巴嫩特色风味软奶酪，制作时需加入橄榄油、薄荷、橄榄等配料。
3 硬石餐厅（Hard Rock Cafe）是全球连锁主题餐厅，主营美式西餐，是美国文化的象征。

滨酒店，这里二楼的餐厅经常用于举办婚宴，姑娘们一个个在烟雾中热舞。我顺着露天台阶往下走，码头的水泥地面上排列摆放着一些桌子。海浪不断撞击拍打着码头，城市斑驳的灯光照亮了漆黑的夜空。码头上，有的四人一桌抽着水烟斗，还有些参加完婚礼累得精疲力尽的客人，在这里抽烟缓解疲劳。其实，只有喝上一大杯凉爽的黎巴嫩玛扎啤酒[1]，再配上一碟苦菜和茄子泥（moutabal），才算是应时应景。玛扎啤酒适合在饮用了过多伏特加之后喝。它能够清除口腔中的余味，重新唤醒我的味觉。

我发现自己连走路回家都成问题。我有些蹒跚地越过贝鲁特的几座小山丘，看到战争留下的废墟和夜空下裸露的断壁残垣，此时的我醉意阑珊，眼前的一切似乎让这座本就让人捉摸不透的城市变得更加难以理解。我走到罗马街的最高处，听到街区里回响着的宣礼声，街角旁边就是一家女式内衣店，我抓住自己的手腕，努力地冷静下来。难道我还要这样跌跌撞撞、两眼惺忪地从那群多疑的士兵眼皮底下穿过路障吗？贝鲁特实在不是一座适合漫步的城市，虽然它表面上看起来是。对喝醉酒的人来说，步行更是不便。我步履蹒跚地经过德鲁兹公墓，有一名士兵拦下了我，他用不流利的英语

1　玛扎啤酒（Almaza beer）是黎巴嫩本土酿造的啤酒，也是当地唯一的啤酒生产企业。

问我是否需要坐下来休息一会儿。我想了想，这是个好主意。于是，我在一根系船柱上坐下来，听着路边老雪松上燕子扑腾翅膀的声音，我开始意识到，自己已经连续喝了好几个小时的酒，此刻却一点儿也想不起来了。这就是所谓的"断片"。

酒在《古兰经》中总共只被提到过三次。经文中虽然不赞成饮酒，但并没有对这种行为明令禁止。从严格意义上来讲，这本圣书并没有特别强硬地反对饮酒。让先知恼怒的是人醉酒后的丑态，而非酒本身。《古兰经》初次提到酒是在第一个苏赖[1]即第二章黄牛章当中："他们问你饮酒和赌博的律例，你说：'这两件事都包含着大罪，对于世人都有许多利益，而其罪过比利益还大'"（2:219）。第二次提到时，经文这么说："信道的人们啊！你们在酒醉的时候不要礼拜，直到你们知道自己所说的是什么话"（妇女章4:43）。再往后（筵席章5:91），经文更为明确地指出饮酒是撒旦的罪恶行为："信道的人们啊！饮酒、赌博、拜像、求签，只是一种秽行，只是恶魔的行为，故为远离，以便你们成功。"

《圣训》[2]就另当别论了。伊斯兰教严格的禁酒规定究竟从何而

1　苏赖（Surah）是《古兰经》编排的篇章称谓。
2　圣训是伊斯兰教的经典，即对穆罕默德的言行及其所默认的行为的传述。

来，我们无从得知。因为禁令既可以颁布，也可以撤销。时至今日，很少还有人记得，16 世纪时圣城麦加和埃及曾一度禁止饮用咖啡，原因是当时的人们认为咖啡有毒。有一部分人提出，禁止饮酒可能与土耳其的塞尔柱王朝整肃军纪有关。如今，这些过往鲜为人知，禁酒令产生的原因也不再重要。还有一部分人认为，禁止饮酒是现代穆斯林为抵制日益蔓延的西方化浪潮所采取的行动，主要针对的是那些随处可见的喝着尊尼获加和伏特加的异教徒。

即使在沙特阿拉伯，酒也没有完全销声匿迹。《海湾时报》（*Khaleej Times*）时常报道沙特人把香水当成酒误食而被送往医院的悲惨故事。在 2006 年，沙特阿拉伯王国有 20 人因饮用过量香水而死亡。可这依然改变不了这样一个事实：在阿拉伯土地上的黎巴嫩，它的国饮是亚力酒[1]。

亚力酒这个词一开始的意思是"汗水"，指的是蒸馏过程中水蒸气在蒸酒用的葫芦外壁冷凝所形成的小水珠。公元 9 世纪时，来自波斯的穆斯林诗人艾布·努瓦斯（Abu Nuwas）曾专门作诗，赞美饮用葡萄酒和蒸馏酒所带来的快乐。他是这么描绘的："它有着雨水般

1　亚力酒（Arak）是中东出产的透明无色的茴香蒸馏酒，是伊拉克、黎巴嫩等国的传统酒饮。

清澈透亮的颜色，内在却如同熊熊燃烧的火把上所炙烤的肋排那般火热。"这句话适用于所有原产自阿拉伯国家以及从伊斯兰国家出口至欧洲的蒸馏酒。

所以，亚力酒和伏特加马提尼一样，都源自伊斯兰国家，而且都如雨水般清澈透亮。此刻的我无精打采地坐在勒布里斯托酒店的酒吧里，又怎能不回想起《一千零一夜》中那个可恶的同性恋艾布·努瓦斯[1]，以及那消逝已久的歌颂"饮酒之乐"的咏酒诗呢？这位率性的诗人曾以巴格达前卫的都市生活为榜样，嘲讽"阿拉伯世界的因循守旧"。他曾为男人在性行为中的被动和女人捉摸不透的性欲而哀叹。水星上的一个火山口，是以他的名字命名的。

我所住酒店的房间里放着诗集《古巴格达的同性之歌》（*Homoerotic Songs of Old Baghdad*）和《男同性恋》（*O Tribe that Loves Boys*）的影印版，作者艾布·努瓦斯在亚马逊上的正版书没有一本是我买得起的。艾布·努瓦斯的诗在 NAMBLA（North American Man-Boy Love Association）里很受欢迎。对艾布·努瓦斯来说，他的欲望在酒馆那个基督徒酒侍身上得以具象化。他是这么

---

1 艾布·努瓦斯（Abu Nuwas，762-831），阿拔斯王朝最著名的诗人之一，一生嗜酒，创作了大量以酒为主题的诗歌。他歌颂恣意行乐的思想与追求自由的精神，令"颂酒诗"在阿拉伯诗歌中占有了一席之地。

说的：酒侍像一只温柔的小鹿，一杯杯地把酒递过来。午夜 12 点，我独自一人坐在酒店的酒吧里，酒杯旁放着一碗盐渍花生。我慢慢地喝下那一小口伏特加马提尼，艾布·努瓦斯诗歌里的辞藻仿佛跨越了几个世纪，从巴格达声色犬马的酒馆穿越到了我眼前。

> 一只温柔的小鹿一杯杯地把酒递过来。
> 他在酒桌间穿行自如，将我们灌醉，
> 我们进入了梦乡，但当公鸡准备打鸣时，
> 我走向他，衣服拖到地上，公羊蓄势待发准备随时出击，
> 当我将长矛刺入他的身体时，
> 他惊醒了过来，仿佛一个受伤疼醒的人。
> "杀你真是易如反掌，"我说道，"所以我们就别互相埋怨了。"

　　我的思绪飘回到艾布·努瓦斯那个时代。那时的巴格达有上百家酒馆，西班牙的科尔多瓦肯定也有过这样的辉煌。艾布·努瓦斯将自己视为一个宝藏，所有人，不分男女，都在努力凿开他的"防线"：

> 进来吧，男孩们。我是一个宝藏——来挖掘吧。

这里有修道院僧侣酿制的陈年老酒，

有水烟和烤肉串！有烤鸡！尽情享用吧，让我们及时行乐！

等会儿你们可以轮流为我清洗。

清晨，我从贝鲁特出发，驱车两小时，与黎巴嫩著名酒评家迈克尔·卡拉姆（Michael Karam）一同前往巴勒贝克（Baalbek），一座以罗马时期古迹著称的城市。迈克尔出生于黎巴嫩山的一个古老的马龙派家族，曾赴英国留学，在英国陆军中接受过魔鬼般的训练，擅长品鉴亚力酒及葡萄酒。

巴勒贝克神庙[1]坐落在黎巴嫩真主党[2]的控制区贝卡谷地[3]的入口处，旁边就是巴勒贝克小镇。我们在遗迹旁的一家咖啡馆坐下，在阳光下享用石榴汁。一群身着黑衣的布道者从我们的面前走过，他们若有所思，仿佛正在琢磨早上那些讨人厌的电费账单。扬声器不断传来高亢嘹亮的声音，抑扬顿挫的布道词不绝于耳。这个地方

1　巴勒贝克神庙（Temple of Baalbek），位于黎巴嫩贝卡谷地。公元前 2000 多年腓尼基人因崇拜太阳神巴勒而修建了这座神庙，现已被列入世界遗产名录。
2　真主党是黎巴嫩最大的政党和什叶派伊斯兰政治与军事组织，总部设在贝卡谷地巴勒贝克市。
3　贝卡谷地（Bekaa Valley），位于黎巴嫩中部，是最大的农业区，也是古代文明发祥地之一。

整洁、安全，但看上去有些压抑，像是那种可能会为了满足某人的好奇心而把你绑走一两个小时的地方。石榴汁喝到一半，我不小心打翻了玻璃杯，杯子哐当一下掉落在地面上，摔得四分五裂。那一瞬间，路人们都停了下来。扬声器再次响起。忽然，树梢上方罗马时代的石柱额枋变得格外陌生迷离。我们朝它们走了过去，暗暗地舒了一口气。能从 21 世纪的巴勒贝克穿越到公元 1 世纪的巴勒贝克（当时的赫利奥波利斯），是一桩幸事。曾经统治这座神庙的众神与他们的征服者面对面地站着，中间只隔了一个停车场的距离。

这里供奉了太阳神巴勒（Baal）、万神之神朱庇特（Jupiter）、爱神维纳斯（Venus）和酒神巴卡斯（Bacchus）。与其他所有现存的古罗马建筑不同，朱庇特神庙气势恢宏，规模宏大。如今的神庙还有六根石柱。查士丁尼一世曾下令将朱庇特神庙的九根石柱拆卸下来，运往君士坦丁堡建造圣索菲亚大教堂；其余的石柱则在地震中尽数被毁。石柱的柱础都还保留着，堆叠在神庙长廊的下方。但即便只剩下那六根石柱，也足以让任何狂妄自大的现代人汗颜。再往下走就是巴卡斯神庙，由安东尼·庇护在公元 2 世纪建造，是有史以来为酒神巴卡斯修建的面积最大的神殿。这座神庙也是从罗马帝国时代以来除罗马万神殿、以弗所遗址和尼姆方形神殿（Maison Carrée）外保存最为完整的古罗马建筑。没有人还记得，其实在基督教传入之前，狄俄尼索斯崇拜（Dionysianism）曾是罗马帝国后期最受推崇的宗教，也是基督教的劲敌。有一位拉斯塔法里教[1]信徒喝得醉醺醺的，坐在其中一个鼓座上冲所有人挥手。我们问他是从哪里来的。"外太空。"他答道。

赫利奥波利斯（Heliopolis）的人曾经如此狂热地崇拜爱神维纳斯，以至于皈依基督教的罗马皇帝不得不予以打压。而对于酒神巴卡斯，信徒的狂热崇拜也不会逊色分毫。我们是在日落时分进入巴卡斯神庙的，一抬头便看到石柱上方的拱顶天花板上那精美绝伦的浮雕。250 年以前，英国建筑师罗伯特·亚当（Robert Adam）正是从这些美轮美奂的浮雕中汲取灵感，运用在了伦敦豪恩斯洛区奥斯特利宫殿（Osterley House）的内部装潢上。我们走入内殿，这里像极了一座教堂的中殿。和神庙的其他地方一样，内殿有一部分同样也没有屋顶的遮盖，处于露天状态。壁龛的雕刻依然保存完好，走向祭坛的石阶也完整地保留着。很少有人能想到，对酒神狄俄尼索斯或巴卡斯的狂热崇拜，最终会造就这样一座气势磅礴的教堂，形成对早期基督教产生影响的酒神秘仪。卡尔·凯雷尼（Carl Kerényi）等学者曾明确指出，基督的形象很大程度上借鉴了酒神狄俄尼索斯的特点。在你真真切切地站在神庙里时，就会突然意识到这些话是有道理的。

1　拉斯塔法里教（Rastafari），20 世纪 30 年代兴起于牙买加的新兴宗教，也可说是一次黑人基督教宗教运动与社会运动，关注黑奴与受压迫的非裔群体。

我坐在石阶上，耳边回荡起小镇上传来的真主党布道声。我可以感觉到，迈克尔此刻与我有着同样的想法。我低头看了一眼石阶底部的大理石浮雕，发现有一块保存完好，上面刻着一位翩翩起舞的少女，她的头发和衣裙随风飘动着。她应该就是安东尼·庇护时期的酒神女祭司。这块浮雕非常袖珍，可能还不及我一只手的大小，也许正是因为这样，才会被掠夺者所遗忘，幸免于难。就像柬埔寨吴哥窟里的那些女性雕塑一样，这块浮雕也经历了风风雨雨，得以保存至今，它记录下了酒神追随者舞动的美丽瞬间。时至今日，她依然在这里，转着圈，翩翩起舞，昭示着对酒神力量的崇拜。

　　再没有什么地方比这里更能彰显宗教的本质了。它们看上去坚不可摧，实则也会不断地重塑，甚至分裂。时至今日，恐怕我们早就不记得曾经有过狄俄尼索斯崇拜这样一种宗教了吧。

　　但是，这股狂热崇拜的力量还会在下一个取而代之的新宗教中得以延续。我将手掌覆在大理石浮雕的女祭司上，然后闭上了双眼。女祭司到底为何起舞，醉酒又缘何会如此古老而神秘，这些都必须铭记在心。在地中海世界，这就是对宗教热忱的根源。今天的我们，将这份热情全部投入俗世生活和个人奋斗当中。真主党憎恶酒徒是有道理的，因为酒徒，还有眼前这块精致的大理石浮雕，对他们而言，便是最大的威胁。

3
恐惧贝卡

—

Fear and
Loathing in the
Bekaa

"可怜的黎巴嫩，"
那位女士说，
"夹在以色列和真主党中间。"

从贝鲁特出发，沿着海岸往北几英里便是拜特龙（Batroun）港口。拜特龙源于希腊语中的葡萄一词，表明这里曾是古代世界著名的葡萄酒港口之一。沐浴着阳光，闻着扑鼻的百里花香，我和迈克尔·卡拉姆驱车前往拜特龙港口。海风一阵阵刮来，将山间的尘埃尽数吹散。我们迎着森林晚霞一路向前，雪松林的上方是那暗橘色的霞光。但尽管如此，那些村庄还是透出温暖的光亮，葡萄园和向日葵田阡陌纵横。

迈克尔告诉我，黎巴嫩山交织的雨水和雾气，为这里的酒庄，比如睦纱酒庄（Château Musar）酿制的葡萄酒浸染上神秘的忧郁气息。同样地，这片海岸也让这里出产的果汁充满明亮和温暖的味道。这片土地，包括克菲费恩、埃迪和吉莱恩山，都沐浴着海滨灿烂的阳光。

我们的目的地是波特鲁斯酒庄（Coteaux de Botrys）。十年前，一位名叫约瑟夫·比塔尔的黎巴嫩退休将军创立了这座酒庄。后来，老将军比塔尔又将酒庄传给自己的女儿内拉。内拉是出了名的美人胚子。她一头红发，睡觉时总会在枕头下放一把上了膛的手枪。和很多人一样，内拉也是在德国流亡多年后才回到自己祖国的。战争打响后，中产阶级不得不背井离乡，而政局的稳定和对家的渴望又促使他们重返故土。一起带回的还有欧洲各式葡萄酒的口味，他们将那些味道与黎巴嫩的传统葡萄酒结合起来。这些家族都是笃信基督教的，葡萄酒和亚力酒是他们自我认知的一部分。对于马龙派来说，酒是无比神圣的。当年他们离开黎巴嫩时，马龙派还占据多数，而今却成了这个国家的少数群体。随着穆斯林出生率的升高，基督教在黎巴嫩逐渐失势。

基督教徒为黎巴嫩创造了前卫的美食和酒文化。他们将这里出产的葡萄酒卖给那些从西方大城市慕名而来的酒评家，并开出多家"有机"餐馆。是他们让这个中东国家回归到欧洲的享乐主义中去。作为唯一拥有酒文化的阿拉伯国家，黎巴嫩在东西方之间架起了沟通的桥梁，成为连接饮酒与禁酒的重要纽带。

尽管蒙着一层烟雾，但小径两旁波特鲁斯酒庄茂盛的葡萄藤还是很快映入了我们的眼帘。河谷向下一直延伸至拜特龙港口，那里有一些起重机，空气中也飘浮着建筑粉尘，还有蜿蜒的蓝色海岸线。富丽堂皇的别墅群就坐落在山顶上。那位红发女子早已站在那儿等候着我们的到来，只见她穿着拖鞋，手里还拿着一瓶天使干红葡萄酒（Cuvée de l'Ange）。波特鲁斯酒庄的酿造厂实际上就是一栋带露台的房子。内拉正是那位退休将军的女儿，她对歌海娜葡萄十分喜爱。

午餐，她做了一只啤酒鸡。站在露台上，长满葡萄藤的河谷风光尽收眼底。远处的乡间别墅，是贝鲁特最出色的汽车销售员买下的。这栋房子的四周布满了电网，还在各处安装了弧光灯，整栋房子看起来就像是一座安保级别最高的监狱。我们一边品味着用西拉[1]、慕合怀特[2]和歌海娜[3]三种葡萄混合酿制而成的天使干红葡萄酒，一边听着以色列战斗机（有权穿越黎巴嫩领空）传来的阵阵轰鸣声。内拉把自己决定回到黎巴嫩并从事酿酒业的原因告诉了我。她看上去有些憔悴和戒备，说起话来却风趣幽默。她的酒劲有点上头了。碰巧的是，迈克尔童年时也有过流亡海外的经历。他的父亲是黎巴嫩人，母亲来自埃及，为了躲避内战，父母带着孩子们一起去了伦敦生活，直到 20 世纪 90 年代才重新踏上故土。他几乎已经忘了阿拉伯语怎么说，于是不得不从头学习母语。但是，他的家族在黎巴嫩有着深厚的政治根基。早年间，

1　西拉（Syrah），原产法国罗纳河谷的葡萄品种，在法国被称为 Syrah，在澳大利亚被称为 Shiraz。

2　慕合怀特（Mourvèdre），原产西班牙的葡萄品种，果实呈深紫蓝色，果粒小，皮厚，喜光晚熟。

3　歌海娜（Grenache），世界产量第二大的葡萄品种，原产西班牙。

迈克尔的祖母曾加入叙利亚民族党（Syrian National Party），该政党在 20 世纪 30 年代曾积极倡导黎巴嫩和叙利亚合并；他的祖父则是真主党的老党员。

迈克尔和内拉开始就黎巴嫩的未来展开讨论，探讨如果黎巴嫩的世界主义和酒文化变得更加根深蒂固，这个国家的未来将何去何从。这里到处都有身披黑衣的宗教人士的身影，而饮酒是这片土地上自由的一部分。他们从露台上俯瞰拜特龙港口。这时，内拉说道："希腊人和腓尼基人跟我们很像。有人告诉过我，狄俄尼索斯曾经从这里启程前往希腊，乘坐的是与阿提卡大区（Attica）进行海上贸易的船只，船上载满葡萄酒。"

狄俄尼索斯原先也许是腓尼基人的神，发源于黎巴嫩山脉，从波特鲁斯等地传至其他地方；而希腊人则将狄俄尼索斯视为来自东方的神，他们为酒神举办庆典的地方，最早可以追溯到阿提卡的葡萄酒港口。酒神狄俄尼索斯已不复存在，而现在，这位被遗忘的神又重新获得了人们的爱戴。

我们用内拉的克菲费恩亚力酒来搭配木瓜挞。这种酒是用茴香和梅尔韦葡萄[1]酿造，并经过五次蒸馏提纯制成的。我问内拉为什么

1　梅尔韦（Merweh）是黎巴嫩葡萄酒和亚力酒中所使用的本土白葡萄品种。

她睡觉时要把枪放在头下枕着。

"因为那些山羊，它们会偷吃葡萄。我得冲它们开枪。"

但还有另外一个原因，那就是没有人知道谁会出现在这些美丽的山丘上，或许是一位酒评家，也可能是一位拿着卡拉什尼科夫突击步枪的男人。

从一定程度上来说，贝卡是在模仿纳帕和波尔多，包括招揽游客、开办乡村旅社和提供美食之旅等方面。但是，饮酒与禁酒就如同泾渭分明的两边，陌生而疏离。就像在得克萨斯州的某些村庄，你可以在店里买到啤酒，但出门后去别的地方就不能继续喝。"我听说，"迈克尔说道，"在纽约乘坐地铁时，必须要把酒瓶放入纸袋中，有这回事吗？"当然确有其事。其实，不论是在街道上，地铁里，还是在公园中，都是不允许喝酒的。这和维多利亚时代的人用布料遮住钢琴腿是一样的道理。除了什叶派控制的达西亚以外，在贝鲁特的其他地方禁酒都是难以想象的。

我告诉他们，其实我也有注意到，贝鲁特的女式内衣店数量要比纽约多得多，而且内衣的品质更好。也许正是因为这个，贝鲁特酒吧街上的酒吧才会比我曾经居住过的布鲁克林还要狂野。每个社会都会为了享乐而抗争。或许美国进行得更为彻底，更为笃定。黎巴嫩归根到底还是一个地中海国家，希腊人、腓尼基人会不断地提醒你和阿拉伯人这一点。只要看一眼阿拉伯人，你就会明白他们的生活是离不开伊斯兰教的。

我回忆起之前参加过的一次在达西亚召开的政治集会，当时我是和一些温和什叶派的传道者一起去的。这次集会是晚上在社区活动中心举行的，活动中心的每扇门都有武装安保人员把守。有人向传道者们提出了一个问题，那就是他们所谓的温和是否意味着允许这片街区开办酒吧。这个问题本身带有调侃意味，就连传道者们也跟着笑了起来，他们那修剪利落的胡子微微颤动着。这样的问题不过是活跃一下气氛，传道者们心知肚明。他们的回答是不行。

夜幕降临，我们来到阿什拉菲赫区的阿卜杜勒·瓦哈布饭店，它位于同名的阿卜杜勒·瓦哈布·埃尔·因吉利茨街上。一些英国人或是其他取道贝鲁特的人偶尔会想起这家店。这家饭店有一个露天大阳台，非常宽敞，餐桌摆放的间距很大，整个场地可以轻松容纳下好几场大派对。我们点了小香肠、阿拉伯蔬菜沙拉、茄子泥、浓缩酸奶以及一瓶产自贝卡谷地塔楼酒庄（Domaine des Tourelles）的布伦酒（Le Brun），这是中东地区众所周知的最好的亚力酒。

选择蒸馏酒而非酿造酒，似乎有些"落伍"，但却并没有模糊过往。酿造酒令人振奋，给人以积极的心态和强烈的欲望；而蒸馏酒让人郁郁寡欢、满腹狐疑，甚至一言不发。

喝完布伦酒，后劲就开始上来了。但是随之而来的是一种抽离感，一种从自我跳脱出来置身事外的奇妙感觉。此外，这种酒还带有浓厚的地域风情，不仅仅是黎巴嫩，还有酒的产地贝卡谷地。这款酒产自黎巴嫩最为古老的酿酒厂和蒸馏厂。喝了它不会让你的举止变得轻浮，或者变得无忧无虑。那种感觉更像是走入了一座教堂。

· · ·

1868 年，法国工程设计师弗朗索瓦·尤金·布伦曾来到贝卡谷地，为一家土耳其公司设计从大马士革到贝鲁特的铁路线。施工过程中，他发现了一块由僧侣耕种的基督教会土地。贝卡河谷偏远的修道院向来出产顶级好酒。于是，布伦决定在此定居，酿制出属于自己的一款好酒。这些酒原本是专供大马士革和贝鲁特各大教堂的圣餐礼使用的。但布伦不同，他打算在城市里出售自己所酿制的酒。于是，黎巴嫩的第一款商品酒就这样诞生了。直到今天，布伦的后代还一直通过婚姻和继承，经营着塔楼酒庄。酒庄的位置就在离贝鲁特两小时车程的农业小镇什陶拉（Chtaura）的主干道旁。第二天，我动身去了这家酒庄。

2000 年，布伦家族最后一位继承人皮埃尔·路易斯去世。这家酒庄随后被弗朗索瓦·尤金的黎巴嫩妻子的后代买下，也就是纳伊拉·卡纳安·伊萨扈利和埃利·伊萨夫妇。这次我见到了他们的女儿克里斯蒂亚娜·伊萨，她主要负责酒庄的公关。克里斯蒂亚娜带我参观了保留着 19 世纪风格的各个房间，里面挂满了褪色的基督画像，还有成堆的装满绿茴香的麻布袋，散发出阵阵青草的香气。她还带我参观了酒庄的品酒室，架子上摆放着柑橘酒和核桃酒，还有如今已经有些落灰的奖牌，这些都是塔楼酒庄在 20 世纪 30 年代获得的。品酒室里还有一套公鸡压缩机酒柜，它来自艾克斯，看上去就像水车一样古老。透过窗户，我看到一些戴着头巾的什叶派少女从两堵墙的中间走过，她们往亚力酒蒸馏厂里扫了一眼，双眸里透出几分难以琢磨的神情。这种行为其实是不被允许的。

贝卡是真主党的大本营。所以，贝卡谷地全面停止酿造葡萄酒，不是不可能发生的事情。克里斯蒂亚娜用一种预言般的口吻，袒露了自己内心的想法。

"想想出生率，他们生起孩子来比我们更快。"

"你说的是？"

"那些穆斯林。我们赶不上他们的脚步。很快，贝卡会成为什叶派的天下。到那时，我们恐怕就得改行，专门生产果汁了。"

"会发生这样的事吗？"

"会的。如果他们说不准再酿酒的话，该怎么办？"

她摊开了双手，表示无奈。

结束参观后，我离开了酒庄，走到什陶拉的主干道上，空气中到处都是拖拉机开过以及驶往叙利亚边境的轻型货车所扬起的灰尘。坐落在黎巴嫩山脉嶙峋的山峰下，什陶拉的朴实无华和欣欣向荣显得微不足道，看上去有些岌岌可危。

下山的路上开着几家沙瓦玛[1]餐厅，门外停了不少汽车。餐厅里十分热闹，这里烤箱、烧烤架一应俱全，非常适合家庭聚餐。我朝着其中一家沙瓦玛餐厅走了过去。这时，我看到了一家店，在那儿可以买到一罐啤酒。我当时实在是口渴难耐，已经完全顾不上打开手上提着的那两瓶亚力酒了。我走进店里，买了啤酒，然后走向最大的那家名叫伊卡莱斯的沙瓦玛餐厅。

很快，我就意识到气氛似乎有点不太对劲。其实这是可以理解的。尽管喝酒是合法的，可毕竟我手里提着的两瓶亚力酒和一罐啤酒。餐厅的玻璃门由一队站在阴凉处的保安把守。我明白，在中东地区对这些人要敬而远之。但此时此刻显然是躲不过去了。我走到户外烧烤架前，买了一份沙瓦玛。那群保安一直在我身边转悠，那

1　沙瓦玛（Shawarma）是中东小吃。用刀将烤好的肉削下来，配上蔬菜和沙拉酱，卷入阿拉伯薄饼中即可。沙瓦玛中最为普遍的是鸡肉和羊肉。

股好奇的样子让我浑身不自在。原来餐厅里来了一位德高望重的真主党传道者，他在这里吃沙瓦玛作为午餐。保安们一直盯着我手里的啤酒看。我问了下负责烤架的厨师，可不可以坐在餐厅里边吃沙瓦玛边喝啤酒。他说当然可以，如果你非得喝的话。这个地方除了餐厅就是大马路，实在没有别的地方可去。于是，我只得从一脸严肃的保安面前走过，进入餐厅，选一个离传道者距离最远的位置坐下来。其实，看上去最不乐意的倒是这家餐厅的服务员。至于那些围绕在传道者跟前的人，只是露出了鄙夷之情。那位传道者转过身来，盯着我看了片刻。但愿他能过来和我聊一聊。可这显然是不可能的。他们的目光齐刷刷地落在那罐冒着泡沫的啤酒上，眼神中透出怜悯，仿佛我和那罐啤酒与这个世界格格不入似的。

后来，我又去了马萨亚酒庄（Château Massaya），与酿酒师拉姆齐·古森一起共进午餐。他坚持认为，真主党算不上什么问题。因为当地人很大一部分的收入都靠在葡萄园做工获得。考虑到这一点，传道者们也会对酒庄的生意睁一只眼闭一只眼。至于什叶派，他们总能达成协议。最糟糕的情况就是逊尼派的狂热分子掌权。

"山上那些长着胡须的男孩，让我在夜里辗转难眠。他们个个都是疯子。什叶派就不一样了。"

"什叶派不算是真正的狂热分子？"

"在这些事情上不算。"

午餐吃到一半，来了两位德国游客。他们是"移动的出版商"。他俩刚刚出版了一本纪伯伦[1]传记，现在正开着一部装满书的小货车，辗转黎巴嫩各地的城镇和乡村销售书籍。他们讲话大声，性格敏感，脚上还穿着凉鞋。总之，没一样我喜欢的。但他们当中那个胡须有些泛白，眼睛炯炯有神的男人，却是一位黎巴嫩葡萄酒的行家。毫不夸张地说，他可以列出黎巴嫩所有种类的葡萄酒。而且，每说出一种葡萄酒的名字，他都能立刻回忆起当时品酒的感悟。不论是从回忆、投入还是从对他国文化的热爱的角度来讲，他都很出色。

"我们非常喜欢黎巴嫩。"他们有些难过地点点头，一直重复着这句话，仿佛连他们自己也不明白其中的缘由。

他们坐了下来，同我们一块品尝马萨亚酒庄出产的葡萄酒。这款酒非常适合搭配羊排、浓缩酸奶和新鲜薄荷一起饮用。我本以为接下来将是美食家之间的闲聊。可正当我们准备开始讨论葡萄酒的时候，头顶上却远远地传来了阵阵轰鸣声。拉姆齐一语带过，仿佛

1　纪伯伦（Khalil Gibran），黎巴嫩作家、诗人、画家，是阿拉伯文学的重要奠基人，被称为艺术天才和黎巴嫩文坛骄子，主要作品有《泪与笑》《先知》《沙与沫》等。

这一切根本不值得再去深究似的："这是以色列的空军。我们是一个连自己的领空都管控不了的国家。"

两个德国人发出啧啧声，纷纷表示对以色列的不满。

"你明白了吧？"葡萄酒专家发话了，"现在知道真主党为什么会有这么多追随者了吧。"

"可怜的黎巴嫩，"那位女士说道，"夹在以色列和真主党中间。"

拉姆齐开始带着民族主义情绪来回应他们所说的话。

"我们的邻国国力更强。但他们没有一个能像我们这样享受生活乐趣的，拥有我们这样的生活方式，品味这样的美酒，"他有些磕巴，"我们的女性，我们的……我们的……好吧，我们的羊排。你在中东地区有吃过更美味的羊排吗？"

"从来没有。"

"中东没一点比得上我们。除了黎巴嫩，你还能上哪儿喝葡萄酒呢？"

"以色列。"我回答道。

他生气地耸了耸肩。

拉姆齐继续追问道："你知不知道贝卡谷地位于人类文明发祥地东非大裂谷的北端，大裂谷一路延伸至肯尼亚。"

"人类文明的发祥地，"我说道，"多么荒谬的想法。"

吃完苹果甜点后，为了欣赏黄昏的美景，我往河谷深处走了几英里，一直走到安杰尔古城（Anjar）[1] 的倭马亚遗迹。日落时分，这里便是一个荒凉偏僻的所在。

这座阿拉伯古城是在公元 8 世纪时被遗弃的，没有人知道它被遗弃的原因。如今，古城的四周围着一堵长长的城墙。城墙之外，坐落着一个破败的村庄，这里聚居着迁徙而来的亚美尼亚人，所有的路标都是用亚美尼亚语写的。但这里同时也潜伏着众多叙利亚的秘密警察[2]。多年来，他们一直在这片鲜为人知的荒芜地带暗中监视黎巴嫩。马路上空空荡荡，那种真切的恐惧感油然而生。精美的倭马亚建筑的拱门与拱顶遗世独立。

沿着标识的主路往前走，我发现两旁的立柱其实是拜占庭风格，也许是从其他地方洗劫来的。古城的十字入口处，耸立着巨大的罗马式圆柱，下面是饰有古希腊雕塑的山形墙。这也是王朝国力的象征，如今却隐藏在斑岩之中。

1　安杰尔古城（Anjar）是现存最重要的倭马亚王朝遗迹，1984 年加入世界文化遗产名录。
2　秘密警察指以秘密的方式执勤，针对国内外威胁，以保障独裁者或国家安全为目标的警察。

倭马亚王朝精美绝伦的建筑并排矗立着。它们有着更为恢宏和古老的风格，虽有模仿，却也能自成一派，形成自己的特色。我十分同情公元7世纪时那些初来乍到的阿拉伯人。一支来自沙漠的游牧民族带着对水的渴求，踉跄着走入一片长满葡萄藤的绿洲。每到收获的季节，这里的农民就会高喊"狄俄尼索斯"。因吉利茨在漆黑的迷雾中走失时，武装保安手持火把来寻找他的踪影。他们叫着"嘿，汤米"，声音一直传到废弃的浴室和清真寺那头，这引起了叙利亚人的警觉，他们怀疑因吉利茨图谋不轨。可实际上，他只是喝多了，连回家的路都找不到。

4
与瓦立德·琼布拉特共进午餐

——

Lunch
with
Walid
Jumblatt

命运让军阀和戴酒师两种人格集中在一个身躯里，又很难让两者融为一体。

对我而言，贝鲁特和那不勒斯很像，是一个能让个性沉稳的游客抓狂的地方。这里有犯罪，有懒怠，有美丽的风光，有街头不断上演的闹剧，有带着忧郁气息的蓝色大海，还有酒吧。在这里，看似停滞不前的生活重新开启，然后再度陷入停滞。在一座穆斯林占人口一半的城市里，酒吧的存在无异于天主教城市里的妓院。贝鲁特的酒吧有其独特的简单与热情。但细想一下，其实天主教城市才是寻找妓院的好地方。

我可能这天晚上光顾阿什拉菲赫（Ashrafieh）的灰天鹅酒吧，隔天晚上又去阿卜杜勒·瓦哈布·因吉利茨街上艾尔伯格酒店的屋顶酒吧喝酒。阿卜杜勒这条街由法国托管，这里各家各户的窗户上都装着百叶窗，还有清幽的花园，价值几百万美元的产权公寓，以及饭后散步的长街。其实，艾尔伯格屋顶酒吧是我记录下的酒吧黑名单中的一家。之所以拿笔写下来，主要是怕自己喝多了，会忘记它的地址。这家高层酒店拥有"美好时代"[1]的建筑风格。酒店内安装

1　美好时代（Belle Epoque）指普法战争结束至第一次世界大战爆发的和平繁荣时期。

有一部铁制电梯。除了一楼隐秘的华丽酒吧，夜幕笼罩的屋顶上还有另外一家酒吧，从这里眺望出去，万家灯火尽收眼底。你也可以选择在屋顶楼下的室内酒吧喝上一杯，这里的金汤力都会被端到沙发前，沙发的径深很大，以至于客人坐上去像没入流沙的石块般深深地陷入沙发。这个狂热的城市有很多酒吧，在酒吧街，你可以花上几晚的时间辗转于各个酒吧，实在是数不过来，也很难一一说清。我还没提在酒吧街巷子里的库克雷餐厅呢。当时我是和迈克尔一块去的。我们用产自两海之间[1]的白葡萄酒来搭配生蚝，用几瓶霍查尔红葡萄酒[2]来搭配四分熟的牛排。在库克雷餐厅，你可以整个下午和晚上都坐在这里喝酒，一直喝到深夜，就像一斗烟能抽上一整天那样。还有几家我忘了名字的酒吧，但我记得酒保充满诚意地精心调制了一杯战前鸡尾酒。有一天晚上，时尚设计师约翰尼·法拉赫（Johnny Farah）在港口举办酒吧开业仪式，用一种名为三位一体的马提尼酒招待我们。这款风靡一时的干马提尼曾被誉为另一款更为出名的混合酒的起源。甜型、干型味多思和金酒交织，再加上贝鲁特当地味道浓郁的柠檬皮和几滴橙味苦酒，三种味道泾渭分明，堪称

---

[1] 两海之间（Entre Deux Mers）位于加仑河和多尔多涅河交汇处，生产干白和以梅洛为主的红酒。
[2] 霍查尔红葡萄酒（Hochar red）产自黎巴嫩最著名的睦纱酒庄。

完美。这款马提尼喝起来醇厚清爽，带有丝丝酸甜，却没有干马提尼那股强烈的酸味，不会让人反胃。毫无疑问，在贝鲁特基督教区，这款酒的名字也是带有自己一定的"宗教意味"的。

贝鲁特是唯一一座酒吧与宣礼吏[1]谁也无法支配对方的城市。我从阿卜杜勒·瓦哈布饭店出发，沿着弗恩·埃尔·哈耶克街顺着山坡向下，来到圣克尔街，经过一片带有阳台和高大拱门的土耳其风格的楼房和长着参天大树的公园。快走到底的时候，就会看到圣约瑟夫大学街上的超时酒吧。这家酒吧是贝鲁特历史最为悠久的酒吧，它建在一栋三层小楼里，19世纪后期这里曾是一家主营工作餐的餐厅。现在的它则更像是一栋英伦风格的乡间别墅，有着一间白石拱顶的地下室。这是一家完美的酒吧：那带着年代沧桑感的房间，房间中央那面巨大的格子墙，格子里各式各样的酒瓶，格子墙周围排布的单人沙发、油以及带着灯罩的台灯。长着胡须、白发苍苍的雅克·塔贝（Jacques Tabet）倚靠在吧台上。内战时期，人们背地里都叫他贝鲁特老三。塔贝是整个贝鲁特脾气最火爆、出手最大方的酒吧老板，他所设计的这间酒吧像极了他自己：各个房间像私宅客厅那样彼此连通，一个不点灯的露台

1　伊斯兰教清真寺内按时召唤信徒作礼拜的专职人员。

花园，以及男士们可以无所顾忌抽烟的角落。这是属于成年人的酒吧。换句话说，这里不适合那些只会大喊大叫的毛孩子。要是放在纽约，这家酒吧可能会因此关门大吉。

黎巴嫩内战期间，这家酒吧曾多次遭到火箭推进榴弹和轻武器火力的袭击。"是轻武器，"塔贝说道，"因为朝我们射击的人当时就在隔壁。"能活下来本身就是奇迹。"我讨厌清醒，"塔贝为我倒了七八杯波特红葡萄酒[1]，接着前面的话继续说道，"清醒的状态让我恼怒，我相信你也是这么想的。如果这些年一直保持清醒的话，也许我就活不到现在。"这栋房子的地下室原先属于塔贝的曾祖父母，这里有着贝鲁特最著名的调酒师约翰尼·克霍里（Johnny khouris）。想在贝鲁特喝上一杯正宗的干马提尼，就必须来找克霍里，其他的调酒师都不行。在如粉笔般的碎石堆砌而成的拱顶下坐着，猫儿们在身旁围绕，周围坐着举手投足间依然留着战争痕迹的男士们，夜晚的时间就这样悄然流逝。我坐在那儿，陷入了思考，酒是不是一种能将意识从真我和他者中分离出来的东西？若真如此，那我们终其一生都不过是生活在一种不易察觉的虚妄之中罢了。可酒到底是为真相带上了面具，还是摘下了那掩盖真相的面具呢？

---

1 波特红葡萄酒（Red port），产自葡萄牙，以甜型为主要风格，酒精浓度较高。

不论是贝鲁特还是其他地方，当我独自坐在酒吧无人的角落时，有那么几个瞬间，会有一种抽离开去的感觉，宛如自己和其他人之间隔着一道石墙。我能听到有东西从灵魂深处流淌而过，仿佛水从林间穿流而过的声音；我像是进入了慢动作。手指慢慢地握紧玻璃杯；冰块缓缓地晃动着；周围镜子里的自己被定格。我坐在座位上，生机和活力不再，嘴巴依然在动，话一句句往外冒，却与我毫无干系。我是一个木偶，但是，永远不要低估木偶身上的奇妙和魅力。

　　当我在酒吧碰上另一个酒鬼，我们会像两只木偶那样互相鞠躬，然后切磋过招。但正如我所说的，我常常独来独往，所以最重要的还是独处的美好。酒吧里一个人度过的时光是如此深刻纯粹，以至于你会开始好奇爱德华·霍普[1]为何不再多创作几幅这样题材的画。酒吧是社会腐败的高发地；传统的伊斯兰城市重视公有和国有，认为没有必要为了喝尊尼获加而被他人孤立。但伊斯兰教中也存在着像德鲁兹这样允许饮酒的支派，他们又是怎么样的呢？

· · ·

　　彼时正值春日。一天，我和德鲁兹军阀瓦立德·琼布拉特

1　爱德华·霍普（Edward Hopper），美国绘画大师，都会写实画风的推广者。

（Walid Jumblatt）在舒夫山（Shuf Mountains）一起共进午餐。从学生时代起，我就一直记得他的名字，20世纪70年代正是黎巴嫩内战爆发的时候。我还记得他带领的那支冷酷无情的民兵团，以及他对摩托车和皮夹克的钟爱。瓦立德是一位传奇人物，让人闻风丧胆。他不仅杀人，还进行种族清洗，生父被叙利亚人暗杀；但与此同时，瓦立德又是一个深谙世事、精于世故的人，一位熟悉昂蒂布[1]和宝马单车的花花公子。

时隔35年，见到瓦立德·琼布拉特本人，光想想就让人激动不已。这是由当时的准总理萨阿德·哈里里（Saad Hariri）安排的一场媒体访问，他是黎巴嫩"3·14"改革运动的领导者。这次午餐会充满了友好和政治认同。琼布拉特穿着灯芯绒裤，人看上去有些憔悴。还有那伟大的泛阿拉伯主义[2]者沙基卜·阿尔斯兰亲王（Prince Shakib Arslan）的贵族外孙也来了，他的秃顶上绕着白发。这个虚伪、说起话来轻声细语的小个子很会吸引旁人的注意。

琼布拉特的餐厅里摆了一把把入鞘的宝剑和盾牌。他被问到关于真主党和叙利亚的问题，以及他与两者未来关系的走向。作为社会进步党的领袖，琼布拉特应当表现出对到场美国作家的兴趣。他

1　昂蒂布（Antibes），位于法国东南角地中海沿岸，是著名的滨海旅游度假区。
2　泛阿拉伯主义（Pan-Arabism）是一种民族主义思想，旨在统一阿拉伯世界。

认真地聆听和交谈着，滔滔不绝地讲个不停。整个对话进行得非常愉快。餐厅的窗户开着，连屋外白雪的味道也能闻到。餐桌上摆着一瓶卡夫拉雅酒庄（Château Kefraya）出产的葡萄酒，是琼布拉特投资的一款酒。我当时就坐在他身边，于是他十分礼貌地为我倒了一杯酒。他不再谈论政治话题，而是一脸诚恳地想听听我对这款酒的评价。自20世纪80年代后期以来，卡夫拉雅酒庄就归琼布拉特所有。15年后的今天，这家酒庄所出产的酒俨然已跃身成为黎巴嫩最受欢迎的葡萄酒之一。这杯酒喝起来厚重多汁，带着些许美式风情，或多或少让人感到反胃。但我却告诉琼布拉特，这款酒堪称佳酿。在一个葡萄园主兼军阀面前卖弄自相矛盾的品评意见着实欠妥。命运的安排让军阀和酿酒师这两种水火不容的人格集中在一个身躯里，而这身躯又很难让两者融为一体。

"好，"他说道，"稍后我会送一大瓶到你的住处。"

我心头一沉，心想糟糕了。我太了解自己了，不管酒多不好喝，只要我一个人锁上房门待在屋子里，一个下午就能把它喝个精光。而放在桌上的葡萄酒，瓦立德一口也没有动。我好奇地问他，为什么同样是穆斯林，德鲁兹人却可以饮酒。

"因为我们不用遵守伊斯兰教法。德鲁兹人每天只做三次祷告，而不是五次。谈到'圣战'的时候，我们想表达的是自我斗争，而不是对异教徒发起战争。"

对其他支派而言，德鲁兹人是神秘的。1165 年，旅行作家图德拉的本杰明[1]曾这样描述德鲁兹人：他们是"信奉一神论、相信灵魂永生和转世轮回的山里人"。德鲁兹人发源于什叶派伊斯玛仪派的一支，在法蒂玛王朝统治下的开罗正式建立。支派的名字德鲁兹取自波斯传道者达兹（Al-Darzi）。德鲁兹人倡导废除奴隶制，推崇延续希腊与波斯传统的更为神秘、非政治化的伊斯兰教。德鲁兹人与其他什叶派支派向来不睦，还时常受到逊尼派的公开抨击。他们可以饮酒，却禁止食用豆苗。

我想提出的问题，其实与以色列或真主党无关，是关于公元 996 年至 1021 年法蒂玛王朝的伊玛目[2]和统治者哈基姆。当时生活在开罗的德鲁兹先民，曾将哈基姆视为真主安拉的化身。我原本打算问琼布拉特，是否有学者了解哈基姆对酒所采取的政策。但这个问题听起来有些唐突，而且我非常清楚，没有人能够解开围绕伊斯玛仪派的种种谜团。

1　图德拉的本杰明（Benjamin of Tudela，1130-1173），12 世纪西班牙图德拉地区的犹太人旅行家。他于公元 1159~1173 年前后在欧亚诸地游历，将旅行见闻以希伯来文写成《本杰明行纪》。
2　伊玛目（Imam）意为领拜人，也可引申为学者、领袖、祈祷主持人和伊斯兰法学权威。

所以，这个问题我没有问出口，只是问了他一些贝卡谷地葡萄园的事情。

"现在贝卡在真主党的控制之下。我敢肯定，有一天，他们会切断葡萄园的水源。好吧，这只是一种可能性，并不是说他们一定会这么做。真主党无法在黎巴嫩实行禁酒，但他们可以让情况变得更加糟糕。"

他微微斜着头，淡然地看着我喝酒。他又问了我一遍，卡夫拉雅葡萄酒是否能够畅销美国。我告诉他，在我看来，这款葡萄酒酿造的初衷就是为了迎合美国口味。"好，很好。"他应承道。

餐后，我们开始饮用亚力酒。看到我们如此喜爱卡夫拉雅葡萄酒和他亲手酿制的亚力酒，琼布拉特倍感欣慰。他很高兴我们能明白黎巴嫩是个如流沙般变幻莫测的国家，也许有一天他会咒骂那些穿着一身黑衣、住在遥远的山那头的禁酒主义者，而到了第二年又不得不为了生存与他们联手。

"还有你，"他说道，"好像挺喜欢喝葡萄酒的，你觉得我们的亚力酒怎么样？"

"喝起来像乌佐酒[1]，但比乌佐酒要好喝。"

1　乌佐酒（Ouzo），带有茴香风味的希腊名酒，酒精度高，一般用水、冰块或者可乐稀释后饮用。

"是希腊人模仿了我们的亚力酒，我们可没有模仿他们。亚力酒是黎巴嫩的灵魂。还要再来一杯吗？"

我的大脑已经有些迟钝了。

"我是半个爱尔兰人，"我回答道，"下午两点最好还是别让我喝酒，和基因有关。"

即使手里拿着一小杯亚力酒，我还是有些惊慌。因为我的手在发抖，而瓦立德的眼睛就落在我拿酒杯的那只手上，这位犀利的人性观察者仿佛洞穿了我身上的瑕疵，更何况还是个没能很好掩饰起来的瑕疵。亚力酒散发出一股淡淡的果香，清澈透亮的颜色看起来温和无害。

午餐结束后，我们一同前往庭院进行参观。琼布拉特的城堡遍布着柏树和玫瑰花丛，还有他素爱收集的罗马石棺。在参观的过程中，有只灵缇犬一直安静地在我们身旁跑来跑去。琼布拉特随后带着我们去了他家的图书馆，里面到处都是他父亲的苏联纪念物。内战时期，琼布拉特家族曾是苏联的盟友。勃列日涅夫还特地送了一幅真人大小的朱可夫元帅骑白马的画像给瓦立德的父亲卡马尔，还有那些如今陈列在瓦立德书桌上的军用手枪。除此之外，这个图书馆还收藏有一批珍贵的《新法兰西杂志》(*La Nouvelle Revue Française*)。

"没错，"他动情地说道，"那时共产主义是多么的光芒万丈、所向披靡。"

"赫鲁晓夫有没有，"我问道，"送什么珍贵的伏特加酒？"

"记不清了，也许吧。"

我走出图书馆，进入花园，看到那些饰有石雕花环和丘比特像的坟墓，远处舒夫山的雪线透过柏树林依稀可见。我还没有从葡萄酒和亚力酒的酒劲中缓过神来，依然无法控制自己的感官。我想，这大概就是透过亚力酒所看到的景象吧，明亮，恬静而又真切。你也许会说，一切都得到了净化。纯净而又浓烈，宁静而又狂野。

5
艾丽帕利酒吧

The
Ally
Pally

午夜12点，整个阿布扎比的酒保都会来到这里，喊着要喝休特加鸡尾酒。

在阿布扎比，傍晚时分我才从费尔蒙特巴布铝巴哈尔酒店（Fairmont Bab Al Bahr）的床上醒来，身上依然是那套在贝鲁特已经穿了几周的衣服。我整个人头痛欲裂，只得再多躺上一会儿，努力回忆前一晚的行踪。和衣而眠，浑身湿漉漉地醒来，这种感觉很奇妙。我穿着一身西装，系着袖扣，打着一条歪七扭八的领带，脚上蹬着一双懒汉鞋，没有穿袜子。换句话说，我昨晚参加了一场还算高雅的深夜派对，所以才会这样穿戴整齐。床边放着一碗水果、一根香蕉和一个八角茴香，还有一盘手工巧克力。一看就没有人动过。

我在酒店八楼的房间里，望着太阳落山。一轮弯月出现在水面上，一边是酒店的人工海滩，另一边是起重机和筒仓。浮动的光影中，矗立着世界第八大清真寺。82个莫卧儿建筑风格的比安科大理石圆顶层层堆叠，映在大部分采用玻璃幕墙的费尔蒙特酒店几乎所有的窗户上。谢赫扎耶德大清真寺不仅可以同时容纳四万信徒，而且还拥有世界上最大的地毯和施华洛世奇枝形水晶吊灯。在阿联酋，一切都要最大、最高、最豪华的。

人们应该要了解这些，并且在看到具体的建筑时，心里默默地将所了解的运用在眼前的建筑上。即使身处费尔蒙特酒店未来主义风格的大堂，有着几秒就变换一次色彩的金属和玻璃廊柱，但是透过后窗往外看，清真寺的恢宏壮观还是格外地引人注目，人们常常会低估阿联酋首都阿布扎比在宗教上的虔诚。但即使大堂里来往参加派对的阿联酋王子和身着璞琪（Pucci）短裙的西方女孩，我还是能真切地感受到一点，那就是现在我所身处的这个国家，沙漠和信仰取代了海洋和美酒。

费尔蒙特酒店的酒吧名字叫变色龙，有两个调酒师快速晃动着手中的调酒器，像摇动墨西哥拨浪鼓似的。到了午夜12点，整个阿布扎比的酒鬼都会来到这里的吧台，喊着要喝用伏特加和多种果汁调和而成的酒。这款酒口感浓烈，即便称不上阿联酋的特色酒，也绝对算是阿拉伯民众爱喝的酒。酒吧里陈列着绝对（Absolut）、灰雁（Grey Goose）、烟斗（Bong）、北角（Cape North）和苏连红（Stoli elit）等品牌的伏特加。

饮酒最糟糕的一点在于人会"断片"。酒劲过后，大脑开始进行信息重组，满脑子的问题，却找不到答案。整个人还处在宿醉状态，完全记不清自己最后发生了些什么。

我望着酒店楼下的人工海滩，还有被日光浴床位和深蓝色浴巾团团围住的游泳池。昨晚，我参加了变色龙酒吧的开业典礼，却被酒店工作人员给一路抬了回来。至于到底是被抬着还是推搡着或是哄着回到房间的，我也说不上来。然后整个人就像昏厥在公交车站的退休老年人那样，躺在行政套房的大床上呼呼大睡。宿醉其实是一件挺复杂的事情。整个过程很慢，适合冥想，而且能促使我们自省和厘清思路。微醺让心灵得到净化，让人重新看清自己的内心，再次变得强大，重拾异乎寻常的勇气。

小时候，我经常能看到大人宿醉的模样。还记得心中的那种困惑与不解。当时，父母走起路来跌跌撞撞，为了稳当还一路扶着，两个人都不怎么说话。说实话，我还挺喜欢他们这个模样。他们放慢了脚步，看起来就像是翻版的机器人。换句话说，他们让我明白了一个道理，那就是人体终究是一台机器，一台容易损坏的机器。

看着父母的样子，我不禁意识到，如果这便是喝酒的效果，那么终有一天，可能酒也会成为我的良药。而且有趣的是，在一个极力宣扬头脑清醒和勤勉美德的中产阶级英格兰，本应传承文化、担负起这份责任的成年人，竟然会将大把时间花在宿醉上，醉醺醺、跌跌撞撞地走路。

那天夜里晚些时候，浴室旁的电话响了起来。当时我已经快要睡着了，正伤心地梦到往事，就像每个人得知父母的房子被损毁、被风吹散时都会伤心不已那样。我连一句完整的话都说不出来。这是一通长途电话，肯定是从美国打来的。电话那头传来轻快的声音，言语中透着一丝焦虑和迫切。

"嗨，是我，《迅猛野兽》（*Faster Beast*）杂志的珍！你在吃早餐吗？我本来还想逮你个正着。"

"在我起床前？"

"要真是这样就好了。顺便说一句，你起得挺早，不像你的做派啊。那边太阳怎么样？"

"阳光明媚。"

"他们跟我说，从房间看清真寺，特别壮观。这家酒店很不错，对吧？昨晚变色龙酒吧的开幕式你参加了吗？如果你今晚，当地时间，能把文章写好，那就太好了。或者今天下午就把它写好，甚至更早一点。"

"你怎么不说现在就写好呢？"

"你做得到吗？编辑说了，想了解阿拉伯世界当前的鸡尾酒新潮流。你懂的，就是帅气的酒保和令人激动的流行趋势……啊……还有阿拉伯革命的新路子，类似于这样的题材，比如结束了一整天抗议活动的年轻人傍晚会去哪儿之类的内容。"

"莉斯，我得挂了。浴室里有只大蜥蜴。"

"是我啊，我是珍。"

"我今晚会整理的，珍。对了，谢谢你帮我订行政楼层的套房哦。"

"噢，没事。"

听得出，电话那头的声音里夹杂着怒火。

"所以你到底喝了什么酒？"她不耐烦地问道。

"一杯叫作阿拉伯之夜的酒。"

"好棒！是女士特饮吗？是男女都能喝的那种吗？"

"这款酒里放了苦艾酒、伍斯特沙司、伏特加、白糖、沙果汁、酸橙、安格斯特拉苦酒、塞尔兹碳酸水、柠檬水、香槟、葡萄柚和可乐。"

"哦。"

"我是在黄昏的时候喝的，它让我变得狂躁。"

"你去参加抗议活动了吗？"

中午，我下了楼，坐在酒店一楼的自助餐厅用餐。这是阿布扎比典型的社交场合，仿效了不少东方知名酒店供应的自助餐，不仅各国美食应有尽有，而且每一样都美味精致，体现出一种风靡全球的新兴中产阶级文化，享受午餐，不去追溯任何具体的西方渊源。

女士们包着头巾，却戴着商场里最昂贵的首饰。她们的手背上满是沙漠风情的彩绘，脚上穿着奢侈品牌福喜利的女鞋。男士们成群地坐在外面，孩子们在当中嬉闹，一切弥漫着轻松富足的家庭氛围，每个人都自觉地参与到现代家庭的娱乐中去。

自助餐的菜式很丰富，有来自海湾阿拉伯国家、黎巴嫩、日本、埃及、意大利和印度的美食，还有一些英式餐点如焗豆、香肠和油腻的吐司片。餐台上摆着琳琅满目的热带水果、猕猴桃汁和芒果汁。甜品区则陈列着许多手工制作的慕斯翻糖蛋糕、雪浮岛[1]和草莓冰激凌。在这里，你可以小心翼翼地点一杯葡萄酒。但只要点了酒，服务生就会开始不露声色地上下打量你，并迅速地判断出你的宗教背景。

如果是穆斯林的话，那么可以想见，你会遭到拒绝。如果是犹太人，那你恐怕会被人扔出酒吧。但如果是基督教徒，你就可以喝上一杯。当然，并不是说这家酒店真有这样的明文规定。酒吧里，高脚杯中绿色的鸡尾酒随处可见，它的成分究竟是什么呢？不管了，我点了一杯健怡可乐，来搭配美味的富尔[2]。我戴着太阳眼镜，试图

---

1 雪浮岛（île flottante）是传统法式甜品，由烘烤过的蛋白霜和英式蛋奶糊组成。
2 富尔（fuul）是埃及国菜，由蚕豆制成，烹饪时加入油、柠檬、盐、肉、蛋以及洋葱进行调味。

通过食物和可乐来驱散脑海中萦绕多时的迷雾，也就是宿醉。迷雾开始消散了。终于，我站了起来，穿过玻璃门，走到热辣辣的太阳底下。我稍微找回了些平衡感，耳朵却开始嗡嗡作响。从泳池旁走过时，我看到丰满的白人姑娘们一个个抹好防晒油躺在阳光下，身上不住地冒汗，像极了平底锅里铺满油后炖煮的食物。

酒店与大海间隔着两座由石块堆砌而成的防波堤，还有人工沙滩，对岸灰蒙蒙的吊车在太阳下闪烁着。我站到一座防波堤上，看着巡逻队拖着渔网飞驰而过。那天的气温远不止32摄氏度。慢慢地，天空开始变得有些阴霾。阿布扎比所有的克制与空虚，都在眼前这幅由世界第一大清真寺所主导的风景画之中。我忽然有些不记得自己朝巡逻队招手的时候到底在想些什么，还有为什么会招手。这些我本应该记得的。不过好在有人替我记得这一切，因为当我跳到沙滩上开始漫步时，有个男人从躺椅上爬了起来，掸去身上的灰尘，朝着我走了过来。他抬起手，冲我打招呼，用英文叫着"约翰"，并往沙滩上来。虽然前一刻他还戴着丛林帽在泳池旁享受日光浴，但那身参加商务会议的着装确实古怪。我停下脚步。他慢悠悠地走了过来，嘴里说着"嗨，约翰"。

我并不认识他，他却好像认识我似的。炎炎烈日下，我们看上去几乎透明。忽然，我反应过来这是怎么回事。昨晚我在酒吧见过这个傻瓜，却一点也记不起来了，他倒是一眼就认出了我。约翰，是我没错。我肯定整晚都管自己叫"约翰"呢。不过，约翰到底是谁啊？

"嗨，约翰。我知道是你。我看到你出来走动了。"

"不好意思，你是？"

"詹姆斯。在酒吧认识的。"

"哦对，詹姆斯。"

"约翰，见到你真好。我还以为你挂了呢。"

说着，我俩哈哈大笑。

"没啥，就是睡了一上午的懒觉。"

"我老婆还说你肯定扛不住。你喝了 11 杯迈泰[1]。天哪，我们都以为你肯定吃不消。"

"11 杯？"

"不止啦，伙计。你可真是个酒鬼。"

"我吗？"

"对啊，兄弟。你晕过去了。"

"我晕倒了吗？在哪里？"

1　迈泰（Mai tai）是一款由淡朗姆酒和柠檬汁、柳橙汁、凤梨汁等调制而成的鸡尾酒。

"泳池。你不记得自己在泳池里晕过去了吗？"

他开玩笑似的捶了下我的手臂，冲我使了个眼色。他那头难看的染发在太阳底下闪着光，生蚝般圆圆的眼睛也眯了起来。

"等等，"我说道，"泳池的事我一点也记不得了。"

"拜托，兄弟。你记得的。那可是我这一年见过最好笑的事情啦。"

我汗流浃背，和詹姆斯并排走着。

"泳池？我在泳池里都做了些什么？"

"你不记得自己表演镰刀式跳水了吗？"

"镰刀式跳水？"

"没错，你就是以这个姿势朝着泳池纵身一跃。我老婆说没见过比这更搞笑的。"

"你是在开玩笑吧。"

"哪有，兄弟。你在逗我呢。我们都笑得控制不了自己。"

你谁啊？我想问。

"所以，我表演了镰刀式跳水？"我说道。

"没错，你跳得很好。你在水里待了五分钟。"

当时我在水下。挣扎时嘴里吐出的气泡，内心的惊慌和恐惧，细小的记忆碎片开始在我的脑海中浮现出来。还有那块摇摇晃晃的跳水板，以及朝着夜空星星的突然起跳。

"对，"我咕哝道，"我总是一喝朗姆酒，就开始表演镰刀式跳水。"

"我信。"

他似乎很喜欢我。

"你今晚来不来艾丽帕利酒吧？"他问道，"所有的年轻人都会上那儿。我不得不说，继镰刀式跳水之后，你又将成为艾丽帕利酒吧的一员。"

"艾丽帕利酒吧是什么地方？"

"阿布扎比最好的酒吧。你肯定去过这个酒吧，对吧？"

我们走进那笼罩在美轮美奂的玻璃幕墙之下的费尔蒙特酒店，在马克·皮埃尔·怀特的餐厅旁驻足。他把关于约翰的一切通通告诉了我。约翰是一个酒店工程承包商，业务遍布中东，已婚，有三个孩子，比我小10岁，是位斯诺克台球高手。这个人油嘴滑舌，性格随和，建筑业的趣事信手拈来，但只要一沾酒，就会在酒吧里到处找女士搭讪，发起脾气来，也保持着安静而绅士的姿态，我行我素。他把约翰的事情一五一十地告诉了我，就好像我有必要从第三个人那里了解这些似的，仿佛此刻站在他面前的这个人对真实的自己一无所知。

"我有没有对女士们说什么不得体的话?"我问道。我们乘上电梯,前往巴尔巴雷拉大厅。几位戴着头巾及头箍的酋长坐在大厅的沙发上,旁边是他们盛装打扮的妻子。

"完全没有,约翰。你特别有礼貌。不过,工作人员真是费了好大的力气,才把你从泳池里拖出来。"

真是走运,我仔细地回想着。有时确实如此,我能感到体内仿佛有鞭子在抽打,整个人完全失控。我几位纽约的犹太朋友表示,他们从来没有过这样的感觉。

我开始好奇他为什么会和我一块来这,应该是因为我很有趣吧。不管有多么离谱,英国人从来不会计较发酒疯的事情,反倒会给予认同和理解,认为这才是真性情。

"你8点下楼去艾丽帕利酒吧,"他用哥们的口吻说道,"这家酒吧没有他们说的那么差。妓女们最早也要10点以后才会来酒吧转悠。我们可以碰到那些小伙子。"

"好的,"我说道,"反正不会比变色龙酒吧糟糕。"

"噢,那家酒吧可比变色龙好太多了,约翰。变色龙酒吧没有飞镖可以玩,连妓女也没有。"

"千真万确,"我摇晃着脑袋,表示赞同,"变色龙酒吧是不允许投掷飞镖和妓女入内的。"

"一个没有飞镖和妓女的酒吧该是个什么样子？"

· · ·

那天下午，我在阿布扎比的市中心闲逛，寻找艾因皇宫酒店。我顺着海滨大道一路往前走，经过哈姆丹·本·穆罕默德街和首都花园，舌头也沾上了水泥粉尘的味道。这里随处都是弥漫着传统民俗风情的小街，蜿蜒在摩天大楼和商厦之间，这正是我要寻找的。街边的时尚小铺挂着时髦的白色天使这样的招牌，拉满窗帘的橱窗里却空空如也。再旁边就是一些洗衣店，还有长长的墙壁上漫不经心的涂鸦：我爱巴基斯坦。

虽然有着浓厚的国际化氛围，但荒漠风情的游牧生活却似乎近在眼前。在漫长而又模糊的历史长河中，这里的经济支柱从起初的珍珠到马匹，再从驯鹰到船舶，最后是石油产业。这些国家直至 1971 年还隶属于英国的统治，被称为特鲁西尔酋长国（Trucial States）。迪士达沙（dishdasha）是这里的民族服装。1961 年，第一条公路铺设完成。1966 年，当时的统治者扎耶德·本·苏尔坦·阿勒纳哈扬（Zayed bin Sultan Al Nahyan）下令勘探石油。自此，这里成为世界上最为富庶安康的国家之一。非穆斯林饮酒虽然合法，但是在街道上却是不允许喝酒的。要买酒，只能去政府开办的特殊批发商店，且必须出示内政部签发的许可证明。这里的人默默奉行着禁欲主义，却不似古老的伊斯兰城市那般宁静。纵横的街道因西式高楼的建造而遭到破坏；玻璃和钢铁难以抚慰人心。这样的苦行生活合乎道德，却脱离实际，这是为了赚钱而迎合他人品位的沙漠民族所奉行的清教主义。于是才出现了酒吧。

艾因皇宫酒店坐落于海滨板球俱乐部和谢赫哈利法能源综合区（Sheikh khalife Energy Complex）的正后方。这是一家更加古老的酒店。这里曾经富丽堂皇，如今却是一片萧索黯淡、拥挤闭塞的景象，到处都是被酒吧坏名声吸引而来的印度男性游客。这里确实是声名狼藉，有些人一开始就不打算来。酒店的酒吧位于大堂的一侧，刚好被厚重的大门挡住。每晚一过7点，大堂里就开始人来人往，时而还会有来自中国的自由作家进进出出，这里就是艾丽帕利酒吧。可那天晚上，由于某些原因，到了8点钟酒吧里也没有什么人。黑白相间的花卉墙纸，还有墙上的玻璃壁灯，它投射下来的光圈似乎将我和三位正在打麻将的中国姑娘圈在了一起。那些小伙子都上哪儿去了呢？酒保告诉我，晚上有场跑马比赛。那几位女孩看上去挺凶，她们当中有一个走了过来，想碰碰运气。此刻的酒吧，还坐着一位年长的西方男人，正罗列着小巷的名字，旁边蓝色的浮士德烟灰缸里放着一根没熄灭的香烟。

这是一家英式酒吧。大英帝国总会留下这样的遗迹。这家酒吧汇集了包括皇冠伏特加[1]、占边威士忌[2]、美格纳斯爱尔兰苹果酒[3]、顺风威士忌[4]、潘诺茴香酒[5]、高档金酒和白兰地等全球各大酒水品牌，酒水盛在各式各样的玻璃杯当中，一杯要价20~30迪拉姆不等。在特鲁西尔酋长国，当时这些酒吧都是仿效高级船员的餐室修建的，是男人的天地，而且正大光明。你可以来这里喝世好啤酒、百加得冰锐和盖马尔斯啤酒（Gaymers beer），半品脱的价格在12迪拉姆左右。小小的一间酒吧折射出全球制酒行业的缩影，在这里，不仅英国人能品尝到家乡（或新加坡）的地道风味，就连偶尔来此喝上一杯苏打水的当地人，也可以对工业化的发展和诱惑窥见一斑。也许他们都会用电视来观看橄榄球比赛，喜欢镀了金的枝形吊灯。但是，蒸馏酒和溢出泡沫的啤酒所散发出的香气是这种酒吧的独特之处，这是无法回避的。生活在佐法尔的一位穆斯林朋友曾告诉我，至少对他而言，这种味道像极了烤乳猪的香气：扑鼻诱人，令人难以抗

1　皇冠伏特加（Smirnoff）是世界上最受欢迎的烈性伏特加之一，也是调制鸡尾酒重要的基酒。

2　占边威士忌（Jim Beam）始于1795年，是一款美式玉米威士忌，产自美国肯塔基州波本镇。

3　美格纳斯爱尔兰苹果酒（Magners Irish cider）以17种新鲜苹果为原料，成熟期为两年。

4　顺风威士忌（Cutty Sark）是清淡型苏格兰调和威士忌的代表。

5　潘诺茴香酒（Pernod）是历史最悠久的茴香酒品牌，以八角、茴香、精油为原料，呈浅青色。

拒，已经不再仅限于食欲或内心的向往，而是上升到了多巴胺和荷尔蒙未解之谜的层面。"所以，"他一本正经地说道，"这会比你想象的还要危险得多。"

我坐在酒吧里，忽然间整个人被一股浓浓的思乡之情所占据。英格兰，我的英格兰：是你让我变成了这样一个自私轻率的酒徒吗？

6
英格兰，属于你的英格兰

——

England,
Your
England

酒让英国人的家庭生活得以维系，又让它乱成一锅粥。酒无处不在。

艾德里安·安东尼·吉尔[1]曾说过这样一句话:"对酒鬼而言,初次饮酒至关重要。"20世纪70年代中期,我常常下午逃课,坐着火车从海沃兹希斯(Haywards Heath)出发,前往维多利亚火车站。我一路走到苏豪(Soho)区。这里有一家酒吧,叫内利迪恩(Nellie Dean),一直营业到现在,没错,就是迪恩街上的那家。或许这儿就是我第一次尝试喝酒的地方,但这种事情谁也说不准。我和父亲谈论过这家酒吧很多次,他本身就是这里的常客。我已经记不太清楚自己喝的第一顿酒,究竟是在内利迪恩酒吧,还是在我家附近林德菲尔德(Lindfield)桑特大道(Sunte Avenue)上那家供应泰式炒米粉和西柚冰沙的女巫酒吧,又或者是伯纳斯街(Berners Street)上的另外一家酒吧。但此刻的我很确定就是内利迪恩酒吧。今天,我步伐轻快地走过这家酒吧时,惊讶地发现它的门面已经被厚厚的绿色藤蔓完全覆盖,酒吧里却透出耀眼的金色光芒,宛如漫漫长夜中光

1　艾德里安·安东尼·吉尔(A. A. Gill, 1954-2016),英国作家、评论家,以美食和旅游写作著称。

芒四射的珠宝箱。

内利迪恩酒吧可不是寻常的酒吧，这里以前叫作高地酒吧，最近才把名字改了过来。15 岁时，我就可以堂而皇之地进入酒吧喝酒，而且不会有人赶我走。于是，我就从喝香迪啤酒[1]入门，酒量渐增，变得能喝上几口伏特加。我寻觅到一本名叫《不惑年华》（*Memoirs of the Forties*）的书，作者是朱利安·麦克拉伦·罗斯（Julian Maclaren-Ross）。他是一位名副其实的花花公子，同时也是一名剧作家，偶尔也客串雷东达公爵。我之所以对这本书爱不释手，是因为它生动地描绘了伦敦的一角，也就是牛津街南边以麦束酒吧（Wheatsheaf）和高地酒吧闻名的菲兹罗维亚（Fitzrovia），而这位戴着墨镜、身穿泰迪熊大衣的奇人，手里拄着一根金柄手杖，每日辗转于两家酒吧寻找观众，寻觅短暂的跳脱淡然。后来，安东尼·鲍威尔[2]以朱利安·麦克拉伦·罗斯为原型，创作了《随时间之乐起舞》（*A Dance to the Music of Time*）中潦倒作家特拉普纳尔的形象，但很多人发现，实际上麦克拉伦·罗斯和困顿潦倒根本沾不上边。他身上有着一半或者四分之一的

1　香迪啤酒（Shandy）源自英国，是一款以啤酒为基酒、加入柠檬汁或姜汁调和的鸡尾酒。

2　安东尼·鲍威尔（Anthony Powell，1905-2000），英国作家。12 卷本长篇小说《随时间之乐起舞》是他的代表作。

印度血统，还混有苏格兰和拉美血统。对我而言，他似乎是一个极优雅并努力塑造自我的榜样。这是我从一本 1965 年出版的书中所感知的朦胧印象，他当然是个行走的酒徒。但正是因为麦克拉伦·罗斯，我才会去探索高地酒吧，也就是现在的内利迪恩酒吧。

麦克拉伦·罗斯拥有多重身份，能根据需要进行切换，他其中的一重身份就是"海德先生"。他为自己创设了多重人格。晚年时，麦克拉伦一贫如洗，一直未能完成自己构思已久的几本书。在安东尼·克罗宁（Anthony Cronin）的笔下，麦克拉伦·罗斯俨然成了一个四处流浪的酒徒，将创作天赋浪费在酒后的自言自语上，安东尼如此描述："他喜欢绝处逢生，欣赏一雪前耻和峰回路转。具体地说，他欣赏赌徒走投无路，靠着最后一掷翻盘；夜晚风雨交加，继承人再次现身，詹姆斯二世党人流亡他国，却能在有生之年亲眼见到篡位者被击垮。"酒徒麦克拉伦·罗斯拥有传奇的一生，品格决定成功的定律，在他身上已然颠倒。酒让他的性子古怪了起来，变得思乡情切，牙尖嘴利，让人捉摸不透。酒使他成为一个表演者，却无奈英年早逝，在 1964 年因心脏病发作而去世。如果他还在世，一定可以在 Youtube 上名声大噪，被人们记住。

高地酒吧离我父亲工作的弗里思街（Frith Street）不远，所以他从前经常会去那儿喝酒，也常常会在母亲走开时提起酒吧的事情。

到了晚年的时候，他说曾在内利迪恩酒吧厕所的墙壁上看到一排酷炫的涂鸦，内容大致如下：

感谢主，高地酒吧和它那拙劣的纪实与造作已经成为过去式。

母亲比父亲更爱喝酒，这点我一直都很清楚。有很多人将母亲嗜酒归咎于她身上的爱尔兰血统。对英国人来说，这是一种惯常的指责，他们的内心不愿以镜为鉴，反思自己肆意饮酒的无法无天。但是从这层意义上来讲，至少我父亲算不上酒鬼。比起打兰，他更爱品脱[1]。兴许是为了表达自己对咖啡鸡尾酒[2]的喜爱，父亲曾亲昵地叫母亲"咖啡"，可这样的闹剧却没能维持多久，慢慢地父亲也不再用这个绰号称呼母亲了。

也许这样的想法不正确，但我总觉得，随着父母年岁渐长，他们为彼此和三个孩子努力营造的家庭氛围开始被酒所动摇。很多时候，我和两位姐姐都没有注意到这一点。这是一种清高傲慢的否认，

1　打兰、品脱均为英制单位，1打兰约为 3.55 毫升，1 品脱约为 568.26 毫升。
2　咖啡鸡尾酒包括以爱尔兰威士忌为基酒调和的爱尔兰咖啡，以伏特加为基酒的俄罗斯咖啡以及以白兰地为基酒的法国咖啡。

他们甘愿服从于更高的利益，也就是家庭和儿女的幸福，这是典型的英国人做派。同样典型的，还有酒是如何让家庭生活维系下去，又是如何让它乱成一锅粥的。不论是当时还是在那之后，我始终都无法确定自己对这样的做法究竟是憎恶还是感激。英国人与酒打交道的方式，已经如此根深蒂固地印在我的处世之道当中，以至于提笔创作与酒有关的内容，便是在描绘英国。而在美国生活了近 20 年之久的我，对如今的英国已然一无所知。

如果你曾在那个年代的英国郊区长大，那你便是整日在酒缸子里泡大的。在海沃兹希斯的家中，父母在前厅摆着一个巨大的酒柜，还配有一张可折叠的吧台桌和许多调酒器。那个年代，傍晚时分调制三两酒饮，站在壁炉旁细细品味金汤力和血腥玛丽[1]，佐着黄瓜片，可是相当时髦的。葡萄酒成为主流，也是在那之后很久才出现的。我的父亲供职于伦敦的一家市场调研公司。当他结束工作回到家时，若母亲还没喝过威雀威士忌[2]，这是她最爱的苏格兰威士忌，那她就会偶尔地为父亲在晚餐前调制一杯酒。我发现，正是这样一杯酒，让他们

1　血腥玛丽（Bloody Mary）是一款由伏特加、番茄汁、柠檬片、芹菜根混合而成的鸡尾酒。
2　威雀威士忌（Famous Grouse）是一款苏格兰调和威士忌，是英国王室狩猎威雀庆功的御用酒。

之间的相处一下子变得轻松愉快。母亲平日在家写作，所以有可能在父亲归家前就喝过了酒。作为一名记者和有天赋的广播编剧，我想母亲喝威雀威士忌大抵是为了获取创作灵感，这是她传承下来的一个习惯，可我却没有因此而爱上那令人感怀的苏格兰威士忌。

酒无处不在。对于孩子来说，虽然不明白酒为何物，但却再熟悉不过。试想一下，如果我的父母或者那个时代所有的父母，每晚下班后都聚在一起兴高采烈地抽大麻，又会是怎样的一番景象呢？事实上，20世纪60年代后期，很多人都抽大麻。

我的父母之所以下定决心搬离伦敦，有部分原因就是为了不让三个孩子沾染上毒品。他们买下通勤花园小镇海沃兹希斯一处银行经理的房产，1967年搬的家，时间点选得刚刚好。这里也是哈罗德·麦克米伦[1]退休后居住的地方。

摆脱了也许会断送孩子前程的毒品文化，却又让孩子陷入郊区酒文化的泥沼。为什么宁愿选择酒也不选大麻呢？这当中掺杂着一些社会因素：海沃兹希斯比较保守，被称为小英格兰，它距离伦敦仅有一小时车程，到布莱顿也不过半个小时的路。T. S. 艾略特曾用"大都会的放纵周末"来赞美海沃兹希斯。这里有草坪、

1　哈罗德·麦克米伦（Harold Macmillan），第一代斯多克东伯爵，1957~1963年出任英国首相。

紫杉树篱和卷轴门。而这高大的树篱背后，是一栋栋维多利亚风格的砖石别墅和仿都铎风格的木屋，以及配有用人铃和食物升降机的房子。那些男男女女在这些房子里享用着雪莉酒，沉沦到夜晚，让自己喝得酩酊大醉，好从现实中跳脱出去。那段时间，家门外的小路幽长朦胧，大街上的商铺闭门歇业，公园里浪荡子各自带着酒瓶聚众喝酒，除此以外便再无其他。海沃兹希斯是个适合成长的好地方。

这里对于传统的酒一定是鼓励饮用的。20世纪60年代后期，海沃兹希斯禁止提及大麻。在人们眼里，大麻来自遥远的美洲热带地区，来自另一个陌生的生活维度。但那种让人陶醉的感觉是熟悉的。我还记得，学校里曾有人告诉我，马尔科姆·X对肉豆蔻上瘾。我查了相关资料，发现九个肉豆蔻就足以致命，而资料中完全没有提到肉豆蔻会让人兴奋之类的话。我拿了八个肉豆蔻，将杯子装得满满的，再与酸奶混合。我并没有感到兴奋，反倒是呕吐了一整晚。马尔科姆·X一定还有其他不为人知的癖好。可即便如此，我依然确信肉豆蔻能让人有陶醉的感觉。后来，我又尝试了几回，都以无果告终。这似乎是个能够轻易掩饰起来的嗜好。

海沃兹希斯与殖民历史有着密不可分的联系，这里到处都是退伍军人和政府官员，有一些未出嫁的老姑娘和寡妇，还有新组建的家庭，他们无不渴望更加安稳踏实的英伦生活。因此，也只有雪莉酒[1]、啤酒和苏格兰威士忌这类传统饮品，才更加适合海沃兹希斯。

男人们一大早便出门，匆匆地去赶 7 点 50 分前往维多利亚火车站的特快列车。女人们待在空荡荡的大房子里，收听着四号广播电台，与鲜肉配送员交谈时盛气凌人。她们过着远离喧嚣的生活，屋外还有那些高大的树篱和成片的草坪。除非是在萨默菲尔德（Summerfield）路上偶遇，否则你永远见不到自己的邻居。如果碰上了，她们便会寒暄几句，问问家里的猫儿如何，然后各走各的路。

母亲亦是如此。还记得我生病在家时，打字机的敲击声在家中回荡，广播也开得很响。仿佛只有全然沉浸于当下的生活，才算得上是捍卫了过去。我敢断定，她已经开始喝酒了。

可以说，她是误打误撞地过上了一种连她自己都始料未及的生活。但通常，碰上一位勤劳忠诚、风趣幽默又疼爱子女的丈夫，谁又能招架得住呢？又怎会没有吸引力呢？酒徒传奇般的痛苦与不幸总是被放大。无论从什么角度来说，一段不幸的过往都远非命运这个简单的词所能尽言，如同一团乱麻，剪不断理还乱。日日醉酒，并非是因为患上了什么"病"，而是源于她自己的人生阅历。

1　雪莉酒（Sherry）是西班牙加强型葡萄酒，采用帕洛米诺、佩德罗·希梅内斯和亚历山大麝香三个葡萄品种酿造，风格分为干型、自然甜型和加甜型。

1953 年，正在杜伦大学念大一的母亲办理了退学，开始了漫长的火车旅行，穿越欧洲，前往那不勒斯。当列车行驶到罗马北部时，她遭到了抢劫，身无分文地来到了罗马这座永恒之城。一位爱尔兰神父，也是母亲家里的朋友，收留了她。我母亲来自泰恩赛德（Tyneside）。当时，泰恩赛德的爱尔兰人无不虔诚地奉行天主教（钟爱烈酒）。可以说，在危急时刻，还是她的信仰救了她。罗马是甜蜜生活的核心所在。格利高里·派克和奥黛丽·赫本前不久刚来此处取景拍摄，这里充满着青春和活力。但她终究有些厌烦了，于是，又南下去了那不勒斯生活。她住在海湾附近的帕泰诺佩（Parthenope），靠教生意人说英语谋生，与查理·卢西安诺[1]和天主教畅销小说家莫里斯·韦斯特（Morris West）为邻，并成为朋友。

母亲后来告诉我们，她又去了一次那不勒斯，眼睁睁地看着它日渐没落而备受折磨。但它究竟是如何衰败下来的呢？那不勒斯是诺曼·刘易斯[2]笔下《那不勒斯 1944》中所描述的黑暗都市。但在母亲眼里，那里远离牧师，远离家人，是第一座令她感受到自由的

1　查理·卢西安诺（Charlie Lucky Luciano，1898－1962），美国知名罪犯、黑手党、娱乐界大亨，1946 年被美国驱逐出境后，在意大利居住。他是经典电影《教父》的原型。

2　诺曼·刘易斯（Norman Lewis，1909-1979），美国作家和教育家。

城市，也是第一个能够真正做自己的地方。

母亲临终前，我在她身上看到了一种特质，这是一种无所畏惧的傲慢。离开那不勒斯来到海沃兹希斯过着郊区生活，不再做逃亡记者而是步入一段婚姻，这些对她而言一定是不小的冲击。岁月慢慢流逝，她开始酗酒。姐姐曾告诉我，有一天弹钢琴时，她发现家里钢琴发出的声音不大对，于是打开琴盖查看，没想到竟然在琴弦下找到了一瓶伏特加。那是我们俩之间的小秘密，这么多年从未提起过。还有，我嗜酒如命，这其中估计也有遗传的因素，或许和爱尔兰血统脱不了干系。那些年生活在海沃兹希斯，我们身边围绕着不少来自泰恩赛德的远房亲戚，比如格里夫、欧凯恩还有奥马利一家。这些人偶尔会来参加圣诞聚会，他们有着浅蓝色的眼睛和湿润的嘴唇，然后就像马戏团小把戏似的，消失得无影无踪。

苏格兰的迈克尔叔叔因为酗酒，在回家的半路上过世。前不久，他的一只脚因为糖尿病刚刚截肢。迈克尔叔叔抛妻弃子，一离家便是20多年。对妻儿来说，他早已形同陌路。我的伯祖父名叫约翰·欧凯恩，负责利物浦大学出版社的发行事宜。每年平安夜，他都会从马德里赶来，一下客轮和飞机就直奔我家，而且每次都带着不同的女伴。他穿过白雪覆盖的前门，在钢琴旁坐下，挽起袖子，自顾自地开始弹唱起来，疯狂和醉意一览无遗。他总觉得自己受人仰慕和爱戴，甚至还有几分敬畏，可实际上并非如此。当我还是个孩子的时候，我曾经非常崇拜他。他总是穿着一身花呢西装，打着意大利领结，为我从巴黎和巴塞罗那的商店买来爵士黑胶唱片。他的双手不住地颤抖，那双猩红的圆眼流露出亲切与温情。我还记得伯祖父躺在我身旁聆听《紫色迷雾》（并非吉米·亨德里克斯[1]的那首歌曲）时的样子，他通身散发着酒味和古龙水混杂的味道，身体还常常不经意地颤动。

还有一位男戈耳工[2]，他总是到处乱吼乱叫，辗转众多酒吧买醉。他就是我父亲口中"醉醺醺的爱尔兰懒汉"，他像一块石头那样滚动着，过着放浪形骸的生活，丝毫不在意石头上会布满苔藓。他的无所畏惧让我钦佩。圣诞晚餐上，他总是拿着一瓶格兰菲迪威士忌（Glenfiddich），向在座的每个人逐一敬酒，然后自说自话地开始进行滑稽的创作。他那聪明博学的脑袋瓜里到底打的什么算盘？其实，酒鬼也渴望被关爱，哪怕实际获得的是憎恨和辱骂。

酒鬼成天在酒吧出没，虽说听起来吓人，却也在所难免。就像

1　吉米·亨德里克斯（James Marshall "Jimi" Hendrix，1942-1970），美国摇滚史上著名的电吉他演奏手。
2　戈耳工（Gorgon），希腊神话中长有尖牙、头生毒蛇的女妖，见过戈耳工的人都会化为石头。

塔蒂《玩乐时间》(*Playtime*)中的那位男子一样，虽然被人二话不说就赶出了休息室，他却总能在同样的地方反复出现。他终日待在酒吧，不屈不挠，泰然自若，凄凉哀婉。而那些禁酒主义者呢，他们往往在床头放上一杯水，躺在家中呼呼大睡。

饮酒时内心五味杂陈，犹如疯狂调色盘上那几抹可以随意调和的色彩。有时，醉酒会让人产生一种被浩瀚和虚无包裹着的感觉。沃尔特·惠特曼[1]沿着海岸线漫步向前，潮涨潮落，"被冲上岸的一小片漂浮物"又漂散回大海：

> 如今的我深知，在那些传回耳畔的闲言碎语中，我连自己是谁都一头雾水，从来如此；
>
> 可挥笔写下这一首首桀骜不驯的诗歌前，那个真实的自我还是那么的不可触碰、无法言说，总之，疏离淡漠。

这点我们感同身受。虽然方式粗野，但酒瓶确实能在不知不觉间带来独处的时光，这一点酒徒心知肚明。他对自身的潜力了如指

1　沃尔特·惠特曼（Walt Whitman, 1819－1892），美国诗人，著有诗集《草叶集》。

掌，懂得自我批评，欣赏多面的自己，一喜一怒尽在股掌之中。谈到调酒，他可以算得上是业余的炼金术士。他若是一位渴望向陌生人坦露心迹的作家，那定会写一本名叫《歌颂醉酒》的书。也许不会有人邀请他在公共场合阐释自己的观点。也许他在美国一时得不到重视，怀才不遇。可实际上，他也没拿自个儿当回事。说到底，真正重要的事不一定就能得到重视。酒徒信奉酒神，是一位蓄势待发的舞者，一个模仿者。他不需要你的认真与关怀。他需要的只是一点点恬静温情的音乐，还有布道者赋予的自由自在。

7
盛夏的纯粹光芒

—

The
Pure Light
of
High
Summer

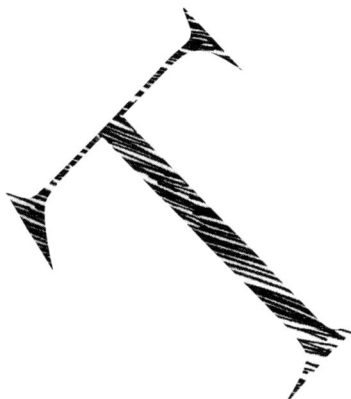

葡萄酒是来自狄俄尼索斯的神秘馈赠。
他是琼浆玉液造就的神,
是永恒生命的化身。

希腊人为当代酒徒潜意识中对酒神的向往下了定义，认为狄俄尼索斯是基督教大清洗中幸免于难的异教徒。讽刺的是，希腊人为我们带来了发酵工艺，而伊斯兰教则为我们创造了蒸馏技术。蒸馏和发酵，两种截然不同的加工工艺，一个源自理性科学，另一个则富有神秘色彩，纯天然。

狄俄尼索斯是植物之神、戏剧之神、公牛之神、女性之神，更是葡萄酒之神。他既是毁灭者，又是解救者，是"一位深受百姓欢迎的神"，强调不得伤害胎儿。狄俄尼索斯的信徒多为女性，大都是些被称作"疯婆娘"的妇人。他倡导坚不可摧的集体命运胜于纯粹的个体。由于狄俄尼索斯是从宙斯的大腿中孕育诞生的，因此也被誉为"宙斯之光"。

在希腊人看来，酒神狄俄尼索斯让人捉摸不透、紧张不安，实在找不出合适的词句来形容。是说他有人情味呢，还是说他像是浩瀚宇宙中的隐秘存在？诗人品达曾将狄俄尼索斯和"盛夏的纯粹光芒"放在一起比较，以描绘酒神与果花盛开之间的奇妙纽带。

伟大的匈牙利学者卡尔·凯雷尼在《狄俄尼索斯——生命坚不可摧的写照》一书的开头，旁征博引，围绕克里特岛的发酵工艺，展开了一段奇妙的幻想。凯雷尼在书中指出，狄俄尼索斯的传说源自克里特岛早期文明中发酵一词的象征意义，在当地人眼里，经过发酵酿造而成的蜂蜜和啤酒象征着腐败中衍育的生命。至于当中的来龙去脉，有些复杂，也难以厘清。发酵让克里特人认识到生命坚不可摧的力量。食物在腐败的过程中，释放出一股神秘的生命力。它们冒着气泡，上下翻滚，然后实现自我升华。与蜂蜜和蜂蜜酒一样，葡萄酒也象征着凝聚的力量，宇宙万物不外乎这样。"是自然现象造就了凝聚的神话……这是来自生命的宣告，昭示着它的坚不可摧。"

7月，天狼星升起，正值盛夏。和埃及人一样，此时的克里特人也迎来了发酵的庆祝仪式。凯雷尼指出，对克里特人而言，发酵和醉酒仿佛是一对神奇的组合，除此之外，他们平时还会吸食鸦片。克里特人的宗教信仰中，必定存在着关于醉酒的思想灌输，将蜂蜜和啤酒中衍生出来的象征意义转嫁到口感更丰富、更奢华的葡萄酒上。克里特人喜欢用"酒红色"来形容祭祀牛，这当中并没有什么特定的原因。千年之后的今天，一到酒神节，希腊人还是会抬着公牛来到祭坛，进行祭祀。酒神有着许多奇怪的象征物，具体的原因我们不得而知，也无法追溯和考究。狄俄尼索斯戴着葡萄藤面具独自出海时，有人亲眼看到船的四周挂着杯子，上面绘有公牛、蛇、发酵葡萄汁和海豚等的黑色画像。水手们原本打算绑架狄俄尼索斯，结果失败，后来在酒神的怜悯下，变成了鲸鱼。

在希腊人之前，克里特人就创作了一系列关于酒神的神话故事，这一点并没有很多人知道。但是，由于克里特人所使用的线形文字 A [1] 从未被破解，所以其中的内涵我们不得而知。克里特文明中表示葡萄酒的象形文字，以及线形文字 B（译入克里特书面语的希腊早期文字）中的表意文字，和埃及文明中表示酒的象形文字如出一辙，相差无几。根据埃及第十八王朝的绘画作品，我们发现，埃及早在克里特人变得富有之前，就形成了底蕴深厚的酒文化，掌握了葡萄栽培工艺，流传到了克里特岛，正如我们在卡托扎克罗斯（Kato Zakros）的克里特村落遗址所见到的那样。葡萄藤既不属于克里特人，也不属于希腊人，但在欧洲，发酵后的葡萄果实却成了唯一的主宰。各式各样的象征物和神话传说，渗入西方的血脉，葡萄酒也因此成为宗教体验的来源，最终化身为耶稣的血液。

1　线形文字 A（Linear A）是古代克里特岛上使用的未破解文字。其关联文字线形文字 B（Linear B）于 1952 年被破译，被证明是希腊语的一种古代形式。

迄今为止，希腊唯一一处以酒神狄俄尼索斯命名的地方是雅典郊区的斯托狄俄尼索斯（Sto Dionyso），在基菲萨（Kifisia）以北几公里的位置（其他地方改名为"圣狄俄尼索斯"是受基督教文化的影响）。古时，这里被称作伊卡利翁（Ikarion）。公元前15世纪左右，阿提卡海岸的酒神崇拜就流传至此。这座山村也许是酒神崇拜最早的发祥地之一。古典时期，在阿提卡的拉夫蒂（Porto Raphti）、骚里哥（Thorikos）等港口最古老的剧院里，常常会举行酒神节的庆祝活动。或许酒神初次乘船出海就来到了这些港口，酒神崇拜也许正是发源自伊卡利亚（Ikaria）的爱琴岛。

酒神来到一位名叫伊卡利翁的男人家里。这个男人有一个女儿，名叫厄里戈涅（Erigone）。伊卡利翁压根没有想到，眼前这个高大的陌生男人会是宙斯与塞墨勒的儿子，还娶了阿里阿德涅为妻。酒神为伊卡利翁带来了礼物：一株家养的葡萄藤。要知道，阿提卡的山民只认识野生葡萄藤，从没见过人工栽培的葡萄藤。于是，伊卡利翁将这株家养葡萄藤种下，还在陌生人的指导下学会了酿酒。他将自己第一次酿制的葡萄酒装入猪皮中，带去邻近的村落，作为礼物。也许这一切都是酒神的安排。

村民们并不知道这种新奇的饮料是什么，便把它当成水，大口大口地喝了下去，醉得不省人事。他们以为是伊卡利翁下了毒，于是就召集了一帮人，冲到伊卡利翁家里，将他当场杀害，还把尸体掩埋在一棵野生的葡萄树下。等厄里戈涅回到家时，她的小狗马伊拉已经将尸体挖了出来。

厄里戈涅悲痛万分，她在这棵挂满葡萄的树上自缢身亡。这对父女，还有那条小狗，后来都得到了上苍的怜悯，化为天上的星座（伊卡利翁化为牧夫座，女儿厄里戈涅化为处女座，小狗化为小犬座）。后来，古典时代的少女们会在秋千宴这个奇妙的节日缅怀厄里戈涅。这一天，她们在树林里荡秋千，模仿醉酒的眩晕感。秋千宴就在酒神节的前一日，它提醒庆祝者，狄俄尼索斯不仅是一位牺牲赴死的神，更是戏剧之神，繁花盛开的果树及葡萄酒的守护神。在其他版本的神话传说中，厄里戈涅是酒神狄俄尼索斯的妻子，还有的则宣称酒神被撕成了碎片，而后奇迹般地死而复生。

这株人工栽培的葡萄藤，是酒神为阿提卡带来的神秘馈赠。而送这份礼物起初并没有借助任何商业手段，其初衷就在于共享。事实上，葡萄酒时常会被形容为"礼物"，一种享乐和慰藉，虽然它对身体没什么用，也不算是食物。而酒神送来的这份礼物，让它广为流传，融入所有人的血液之中，直至成为团结个体的重要纽带。葡萄酒是神圣的，人人共享。

路易斯·海德（Lewis Hyde）在《礼物》一书中，谈到了凯雷尼这本关于酒神的书。他评论道，再后来，狄俄尼索斯的希腊信徒"用大桶碾榨葡萄时，都会高声歌颂酒神的受难。狄俄尼索斯是一位涅槃重生的神。他复活归来，变得和从前一样强大，甚至拥有比以往更为强大的力量。葡萄酒是葡萄的精华所在，酒劲也就更大。"

　　关于酒，海德这么说道："还有，喝下发酵酒的那一刻，酒神精神便在一具新的躯体里复苏。饮用蜂蜜酒便是酒神复活的圣餐。"

　　公元 691 年，拜占庭皇帝查士丁尼二世在位的第六年，颁布了一道法令，禁止地中海沿岸葡萄园的工人在丰收时高声呼喊酒神"狄俄尼索斯"的名字，还勒令他们高喊"主啊，怜悯我"的话语。一个世纪之前，阿拉伯军队大举进攻拜占庭，整个帝国都处于危机之中。这场伊斯兰战争对拜占庭帝国所产生的影响是难以估量的。后来，破坏圣像运动（Iconoclasm）爆发，整个拜占庭帝国范围内禁止一切偶像崇拜及画像，或许这正是为了应对伊斯兰教而实施的那些看似成功的严苛制度之一。公元 692 年，查士丁尼二世召开五六会议（Quinisext Council），并颁布了 102 条教规。此次会议也成为欧洲历史一大重要的转折点，标志着对古典和异教文化的彻底否定。

这102条法规中包含着许许多多的禁令。鲁梅利（Brumelia）的异教徒节日被取缔，君士坦丁堡公民不得再乔装打扮，在街道上欢歌热舞。哑剧、童话剧，还有野生动物的马戏表演，通通受到了打压。根据第二十四条教规，牧师不得前往剧院或竞技场观看比赛。第六十二条教规则禁止男扮女装，规定女性不得当街跳舞。人们不再高喊酒神狄俄尼索斯的名字。就连年轻人庆祝夏至跳篝火也被严令禁止。

后来，查士丁尼二世对公众享乐和异教徒自由进行大范围打压，酒神狄俄尼索斯也随之渐渐遭到摒弃。这是一项大规模的社会工程，为的是一劳永逸地实现帝国的基督教化，与劲敌伊斯兰教不相上下。查士丁尼二世并没有因此而躲过一劫，他很快就被废黜，还被人割掉了鼻子，成了"没有鼻子的人"。后来，查士丁尼二世又复辟成功，重新登上王位，继续统治和管理因其立法而彻底改变的拜占庭帝国。

无论如何，基督教徒还是将葡萄酒视为耶稣的血液，勇于牺牲、死而复生的象征，他们继续饮用。狄俄尼索斯是一位年轻俊美的神，是永恒生命的化身，极具象征意义。他倡导女性饮酒，是由琼浆玉液造就的神。

古希腊宗教提出了一套"以狄俄尼索斯为主导的普世主义"。换句话说，酒神崇拜在整个罗马世界蔓延开去，成为世界性宗教。就连墓碑上雕刻的图案，也以酒神居多。正如凯雷尼所写的："涉及死者葬仪，赞颂生命的永恒就格外重要。酒神信仰如此，基督教也是如此。将古典时代晚期的酒神崇拜发展成世界性宗教，是水到渠成、自然而然的态势。但是，其发展也仅仅限于生命永恒这一点所产生的宗教影响。而以本书所描述的神话和崇拜形式，这种宗教影响最终会走到历史的尽头。"

可它终究还是流传了下来。每个夜晚，酒徒会走向伯利恒，亲身感受品达[1]笔下所描绘的曼妙感受。哪怕只是转瞬间，我们也渴望拥有那稍纵即逝的"盛夏的纯粹光芒"。因为诗人品达想要表达的，不是狄俄尼索斯像光芒，而是狄俄尼索斯本身就是那万丈光芒。酒神是那夏日的耀眼光芒，醉酒自然也就无处不在。

1　品达（Pindar，约公元前 518- 前 438），古希腊抒情诗人。他的诗歌风格庄重，辞藻华丽，对后世欧洲文学有很大影响。

8
马斯喀特的
新年

—

New
Year's
in
Muscat

新年降临前，
我们只剩下一小时在阿曼这座宝石般的城市里寻找香槟。

对酒徒而言，一年中最糟糕的时候莫过于圣诞和新年。这样的想法，或许人人都有。但是，对于那些嗜酒如命、独来独往的酒鬼来说，圣诞和新年实在沉闷得很，总有几分强人所难的意味。平日酗酒的陋习一下子成了公共美德，而自己又必须若无其事地参与其中。节日期间，人们喝起酒来更加无所顾忌，社交的目的性也更强；饮酒渐渐成为这荒废已久的基督教节日仪式的一部分。与其说是基督教节日，倒不如索性说是充斥着血拼狂欢和抗抑郁药的冬至节。为了避开祖辈们传下来的种种仪式的煎熬，数百万后基督教徒纷纷涌向曼谷、迪拜和塞舌尔。想到要在家里放上亮闪闪的圣诞树，还要喝着雪莉酒没完没了地看电视，这样的生活他们无法忍受。他们向往阳光和蓝天，渴望夜生活，希望圣诞老人在眼前消失得无影无踪。

　　可偏偏，曼谷和迪拜这样的城市，却为了让节日里来来往往的人感到宾至如归，使出浑身解数，到处都能看到圣诞树和圣诞老人的踪迹。甚至在曼谷的百货商店，还有身穿迷你圣诞老人套装的女生合唱团摇着铃铛表演。勾起外国人的思乡之情，这算盘打得真好。

我的爱人来自意大利。我们是圣诞节那天才到的福朋喜来登酒店的，再没有比在3万英尺的高空享用金汤力更美好的圣诞节了。这家酒店位于迪拜的谢赫扎耶德路上，大堂里赫然矗立着一棵灯光闪烁的大圣诞树，上面挂满了各式各样的装饰品和迷你锡片雪橇挂件。这种节日的热闹，在伊斯兰国家也没落下，就连酒店的电梯里也挂着圣诞铃铛。我的意大利女友名叫埃琳娜，金发碧眼、一身北欧风打扮。她做了个鬼脸，讲起了自己第一次来海湾国家的经历，说那一大堆欧洲食物让她着实有点扫兴。我们能下定决心不与双方家人一起过节，那至少也得让我们真真切切地感受到文化错位才行。可惜的是，我们没有那么幸运。"在米兰，我也能听到这些。"埃琳娜皱着眉头，用双手捂住自己的耳朵。至少我们还可以喝酒，我答道。

我们打算从迪拜出发，驱车前往阿曼的首都马斯喀特，并在那里过年。阿曼是这一带我唯一没有去过的国家。我也很想知道，这座总在我脑海里徘徊浮现的宝石般的城市马斯喀特，究竟是如何欢度新年的，那里的跨年夜又是怎样的景象，我们能否远离往日的喧嚣和吵闹呢？

至少在迪拜还可以喝酒，这句话说得没错。但是，我们不能在街道上喝酒，也不能不分场合地喝酒，当然福朋喜来登酒店的屋顶酒吧是完全没有问题的，在那里，我们可以俯瞰迪拜风光，远处炎热沙漠的边缘也尽收眼底。过去，我也是迪拜的常客，在这里留下了不少的回忆。

我曾经写过几篇关于伊玛尔（Emaar）地产的稿子。这家由统治家族所管理的建筑公司，一手打造了棕榈岛，独辟蹊径地仿照棕榈树的形状进行开发，建筑群一直延伸至大海。有时，我飞去迪拜，纯粹是为了在布尔迪拜（Bur Dubai）罗拉街上的罗拉酒店套房里戒个酒。整整几周的时间，我都只是躺在床上，喝矿泉水，品尝波斯美食，坐在一个小泳池的边上等待大脑恢复清醒。我发现，西方观察家老爱指责迪拜的道德败坏，说这里专制独裁，实行奴隶制，数百万签有契约的印佣和菲佣在此工作。这些人还拍着胸脯向我们保证，你在迪拜放个屁，都会有宗教警察把你逮捕起来并关进监狱。在他们看来，迪拜就是一个"人造的"、毫无身份认同的地方，"没有灵魂"可言。

约翰·哈利是记者中最愤愤不平的，永远是一腔的义愤填膺。他曾报道过一位在迪拜遇到的、生活在汽车里的女人。没错，一个住在车里的女人！而且还是一个入不敷出的欧洲女人！这是一种常见的道德流言，来自那些在美国和欧洲过着幸福生活的人。他们当中有些人曾有过这样的念头，捏造迪拜的坏形象，目的是取悦和奉承西方人。可是，这么奇怪的事情要怎么去消化和理解呢？

他们最看不惯的一点是，迪拜作为一个阿拉伯国家，竟然拥有更为完善的基础设施和更高的人均收入。没错，迪拜确实是阿拉伯国家，但它至少脚踏实地努力发展过。每一位从希思罗机场或肯尼迪机场起飞前往迪拜国际机场的旅客，总会有或多或少的困惑，到底是哪家机场的设施略逊一筹？

在西方看来，整个阿拉伯社会都必须是一无是处的。倘若有例外，那就一定得从别处挑出毛病来。我曾经想过一个问题，那就是自己所居住的纽约是否真的比迪拜更具身份认同感。纽约的公共交通资金严重不足，就连金斯顿贫穷郊区铺设的马路都比纽约要强。每年，纽约市的财政预算都高达 500 亿美元，可地面却依旧坑坑洼洼。迪拜所缺乏的那种身份认同感，难道作为迪士尼缩影的曼哈顿就有吗？难道巴黎或伦敦市中心这些旅游胜地都是在假装都会城市吗？这就是迪拜，一个正在建设中、尚无文化积淀的地方。它来自沙漠，人口由印度人、泰米尔人、巴基斯坦人、黎巴嫩人和中国人构成，这里有贝鲁特口音和开罗口音的阿拉伯语，还有流民的波斯语以及国际难民的各式英语。

我从不觉得迪拜沉闷无趣。可以说，它满足了我对一座城市的所有渴望。纽约的布鲁克林、伦敦的霍斯顿，还有巴黎十一区，似乎都桎梏于过去的历史积淀，更不用说日渐丧失的身份认同了。在我眼里，迪拜充满了乐趣，傲慢浮躁却不失趣味，也不缺乏源源不绝的认同感。

对酒的让步，是这个小王国最让人感到吃惊的一面。虽然其中不乏经济方面的考量，但却改变不了让步的本质。从宗教上来说，酋长国素来保守。它并不是没有"身份认同"，只不过不是西方所喜欢的那种。王国统治者马克吐布家族（the Maktoubs）做出了一个大胆的决定，那就是允许在本国大范围内饮酒。这一决定让迪拜变得更为西化，更具包容性，和西方都市也更为相似。也正因为如此，招来了所谓没有灵魂、缺乏身份认同的指摘。伊玛尔地产的管理者曾经说过一句话，意思大致是"有些事情，做与不做都是错"。

我和埃琳娜每天晚上都会出去喝酒。有一天，我带她去了约克酒店的酒吧。这家酒吧的风评很差，是搭讪的地方。当时我们喝的是威士忌酸酒[1]，身边还有一群中国女孩。比起我们，来给她们敬酒的人更多。印度商人在狭窄的大厅里穿行着，仿佛清醒的梦游者。

1　威士忌酸酒（Whisky sour）是一款用威士忌、柠檬汁、糖和苏打水调制而成的鸡尾酒。

酒和性总是相伴相生。约克是个狂野的酒吧。我们还去了几家黎巴嫩酒吧。那里有琼布拉特酒庄出产的卡夫拉雅葡萄酒和布伦亚力酒，而且可以一直喝到深夜。能和这位美丽任性的女孩待在一起，浓情蜜意地一块喝酒很是愉快。但是，埃琳娜看上去忧心忡忡，她担心去了阿曼可能会喝不上酒。

"阿曼人可以喝酒，对吗？"她一直重复着这个问题。"现在正值新年。对我来说，过年最少不了的就是香槟。在阿曼，喝香槟是合法的吗？"

"当然了。我怎么会带你去一个不能喝香槟的地方跨年呢？"

"贝斯蒂亚，我真是永远都摸不透你。你就是个酒鬼，压根不会考虑这些事情。"

"这个问题我有想过。香槟在阿曼确实是合法的。"

事实上，连我自己也不确定。我对阿曼这个国家可以说是一无所知。

"《孤独星球》（*The Lonely Planet*）里，"她反驳道，"明明说阿曼比迪拜还要保守得多。要是香槟属于违禁品怎么办？"

"那看来我们过年没法喝酒了。"

"没法喝酒？过年没酒喝，我是受不了的。没法喝酒的新年算什么？什么也不算。没有香槟的新年跟没过一样。"

"同意。"我回答道。

我们俩一块喝酒的时候，会更加激动，各种情绪说来就来。那种紧张的气氛一开始还不大明显，只是在酝酿着，然后慢慢地就会浮出水面，需要施展口才辩上一番。

"我不想过伊斯兰新年，"她轻声说道，"我的意思是，我尊重伊斯兰文化，尊重它的一切，唯独新年不行。我不想听你什么入乡随俗的说教和废话。我就想要一瓶凉爽的香槟酒。"

"没问题的，波尔佩塔公主。"

尽管我们都没有留意到这一点，但是因酒结缘并升温的感情，有其独特的规律和节奏。少喝酒无异于性压抑。酒能够勾起欲望，禁酒即是禁欲。

少了酒，我和埃琳娜之间许多美好的过往就不会发生。这是我们一直以来共同的观点。从吵架拌嘴到生气发飙，再到你侬我侬，那些曾经留下的淤青和疤痕（成为珍贵的回忆，留在记忆深处），还有那些陷入沉沉梦乡的夜晚，都离不开酒。同斟共饮，效果自然不一样。其实，我也曾经想过，自己和埃琳娜之间的感情是否会像父母那样因酒而破裂，因为有一点无可否认，那就是醉酒状态下，一方会一反常态，胡言乱语，而另一方语塞，什么也说不出来。面对突如其来的难以名状的情感爆发，那种世故与敏感、细心周到和时时体贴的平衡骤然被打破。伤人的话脱口而出，那些令人难以置信的绝情和本不该说出口的实话，就这样呈现在面前。我盯着埃琳娜靠在枕头上的样子看，她宛若天使，皮肤白皙，一头金发散乱开来，双手向上摆着，一副酒徒睡姿，还没喝够的样子。但其实还算不上酒鬼或者狂饮滥醉，她与酒神的联系，并没有因为真主禁酒并且不近女色而被切断。

驱车离开迪拜，既方便又快捷。朝着哈塔（Hatta）方向开上几英里，一切浮华便全然抛却。一路上有荆棘树，有灰色的沙漠，波浪状的沙丘，还有凭嗅觉沿着旱谷前行的骆驼。很多游客都会来此冲沙，在沙漠营地住上两晚。无论哪一样，都是相当奢侈的。但是，几乎没有人会驾车离开酋长国，前往阿曼。阿曼的边境哨所位于哈杰尔山脉的边缘处，经过哈塔没多远便到了。这是一栋雄伟的宫殿式建筑，经常出现在阿曼统治者苏丹·卡布斯（Sulten Qaboos）的画像之中。1970年，卡布斯发起宫廷政变，废父自立，并凭借大卫·斯迈利（David Smiley）和英国特种空勤团的及时援助，平定了佐法尔暴乱。

自此，卡布斯受到了英国民众的喜爱。试问，在中东地区乃至全世界，还有哪个地方，可以坐在城市广场的户外咖啡厅，观看大屏幕上实况转播的禁卫骑兵交接仪式呢？这是一场让观众大饱眼福的马术盛宴。阿曼这个国家靠石油致富，通过涓滴效应[1]维系着君主制的稳定。虽然阿拉伯革命期间也曾出现过动乱，但该国失业率低，基础设施完善，贫困现象相对不那么普遍，这才在危机中稳住了脚跟。最让年迈和蔼的卡布斯担忧的，是也门动乱波及了阿曼，还有在沙漠公路上出没的基地组织。

阿曼是个大海与沙漠交织接壤的国度，有一些小镇和绿洲，最大的城市便是马斯喀特。但事实上，马斯喀特也不算大。只要一过边境，穿过黑漆漆的山林，朝着那点点灯光的海滨小镇苏哈尔（Suhar）奔驰而去，广播里就会响起布道声。

海岸公路向南延伸300英里（480公里）至首都，不仅路面宽阔，拥有六个快车道，而且一个警察也没有。陆地边缘坐落着几处白色的村庄，紧挨着蔚蓝色的大海。十字路口的位置，蜂拥着不少印度移民，他们一路奔跑着，穿过高速公路，去公路另一边霓虹闪烁的饭店用餐。从他们身旁开过时，都能听到那一阵阵的欢笑声。为了吃顿美味的咖喱，不惜豁出生命的代价。靠陆地这一边的棕榈

1　涓滴效应（Trickle-down effect）指在经济发展过程中不给予贫困阶层或地区特别优待，而是由发展起来的群体或地区通过消费、就业等惠及贫困阶层或地区，带动其发展和富裕的理论。

树公园里，分布着不少粉刷一新的清真寺和银行，还有很多加油站，只要八美元，就能将油箱加满。这里没什么公共交通。所有人都拥有一辆属于自己的汽车，因为油费实在划算。除了靠石油赚来的钱修建的超级高速公路外，这里连一辆公交车也见不到。美国模式终究没能将这里改造成美国。广播里的阿拉伯流行音乐不绝于耳，却几乎听不到西方流行乐。村庄，甚至小镇，都沉浸在安静的家庭生活之中，传统伊斯兰家庭的封闭与保守占据了上风。这里既没有犯罪，也没有喧嚣和吵闹。

马斯喀特的老城分布着不同的政府办公楼和一家露天博物馆，它的中央还坐落着卡布斯的阿里巴巴皇宫，这里守卫宽松，宫殿的窗户面朝大海，还有海浪不断拍打冲刷着一堆堆石块。作为阿曼的要塞城市，马斯喀特所有的山坡都建有城墙、城垛和塔楼。那连绵起伏的山峦，黑黢黢的，宛如锯齿状的生铁。马斯喀特到处都有大海，可依旧没能打破它那几分呆板的感觉。

这里的酒店没有空房间可住。专门招待外国人的酒店，还有设施齐全的度假村，全都聚集在阿尔布斯坦（Al Bustan）和更远的原生态渔村宽塔布（Qantab）附近。再或者，就是城市另一边库隆（Qurm）的时尚海滨住宅。这两片区域的洲际酒店、香格里拉酒店、凯悦酒店和雷迪森酒店，都可以喝酒，不愧是禁酒国度里的几方绿洲。整个假期下来，没有一天不是客满的。阿曼在那些钟爱自助餐和人工海滩的英国中产阶级中颇受欢迎。

我们将车开到宽塔布附近的香格里拉酒店，打听有没有空房。这家酒店坐落于沙漠崖壁和海湾之间，看起来恢宏壮观，富丽堂皇。店内到处挤满了人，看起来一个礼拜都不会出门的样子，让人感到窒息。整个酒店和大堂的装潢都以阿拉伯风情为主题。黄昏时分，人工沙滩上还会支起就餐用的帐篷，配上垂吊下来的铁艺灯作为装点。这里有一个酒吧，备货充足，人们可以尽情饮酒，然而这并不能全然消解住在这里的苦闷。不过，这家酒店所有的房间早就被预订一空了。快到傍晚的时候，我们在城里四处走了走，领略了马斯喀特的戒备森严，还看到了城垛和层层城墙围起的战壕，便开车回到阿尔古布拉（Al Ghubrah）现代化的郊区。在这里，还有一家更偏商务风格的酒店，叫米丹套房酒店，深受商务旅行者的欢迎。它的位置在几个建筑工地之间，旁边就是学校，一楼有家泰式餐厅，但是因为紧邻学校，所以禁止售酒。这家酒店没有酒可喝，却有空余的房间。

我们打开行李箱收拾了下，然后躺在床上休息。这个位置只要视线越过停车场和起重机再往前点，就可以眺望到大海。整整一天滴酒未进的我，已经感到一丝丝的焦虑和不安。埃琳娜爬到我身上，问道:"美酒或者爱情?哪个排第一位?"美酒,不过我很快就改口了,还是选爱情吧。夜里,微风拂面,甚是凉爽,我们驱车来到了一处空旷的街道。阿尔古布拉是个没什么游客的街区,连喝酒的地方都找不到。我们沿着卡布斯高速开了一小段到库隆,然后把车停在海滨长廊附近。那条小径沿着低矮的崖壁蜿蜒曲折,顺着灯火阑珊的宽阔沙滩向前延伸,附近还有不少沙瓦玛餐厅和果汁饮吧。这是我们度过的第一个没有美酒相伴的夜晚。沿着那条偏僻的小路,在星空下漫步,我整个人像是一根飘落的羽毛,缓缓地落在地面上。作为情侣,我敢肯定我们俩的想法是一致的。尽管如此,我们还是继续思考去哪里喝酒的问题,慢慢地这成了我们俩之间的博弈。除了那些豪华酒店,我们究竟还能上哪儿喝酒呢?

时间一小时一小时地慢慢流逝,喝不到酒而引发的危机正在酝酿。我们两个人整晚都待在一块,没有酒的撩拨和调剂,连欲望也无处释放。

酒精能够激活神经递质多巴胺的受体。多巴胺、肾上腺素以及血清素都属于神经递质。其中多巴胺是大脑中最早形成的神经递质之一,它存在于大部分哺乳动物体内,甚至也存在于果蝇身上。多巴胺与愉悦、运动和动机有关。而且,由于多巴胺能强化快感,也因此容易让人上瘾。

多巴胺这种古老而又原始的化学物质，之所以能让我们保持活力，其实靠的是一套非常简单的机制；从某种程度来说，是中脑黑质所产生的多巴胺能神经元，让我们能够充分享受生命的感觉。有一种称为家族性地中海热的罕见疾病，据说能够摧毁人体内的多巴胺受体，从而导致快感缺乏症：也就是说失去了感受到快乐的能力。还有一些人认为，酒精对哺乳动物神经系统中的抑制性神经递质 γ-氨基丁酸也会构成一定的危害。

最能刺激多巴胺分泌的非可卡因莫属，酒精排在第二。从某些方面来讲，酒精更"肮脏"、更复杂、更危险，因为它对多巴胺受体所构成的危害，远比对神经递质多巴胺所造成的伤害要大得多。但是，由于酒精能够刺激多巴胺大量分泌，因此它也能让人焕发活力，获得快乐，强化感官，舒缓放松。伤得慢，恢复得也慢。

也许，这就是神志清醒反而倍感孤独的原因吧。生活中少了升华，节奏放慢，那种与酒分离的压抑感再次回归。酒可以拉近彼此之间的距离。两人一块喝酒时是这样，男女共饮时更是如此。独来独往的酒徒，不过是一方面。情侣之间同样也会因为酒而变得亲密无间，自由自在。他们体内会大量地分泌多巴胺，并减少 γ-氨基丁酸的释放，从而让两人走得更近，更加地放松随性。

对友谊而言，神经系统松散的化学结构同样重要。因为酒能让人变得更加主动坦诚，重情重义，做到暂时的忘我和无私。这就像是从 γ - 氨基丁酸所束缚的自我中短暂地跳脱出来那样，是它让我们认识到饮酒的快乐。这一点对于情侣而言更是重要。爱人间的紧张与压力，很难泾渭分明、是非黑白地一一化解，而酒便是让双方敞开心扉的一种方法。这样的氛围，营造《灵欲春宵》(*Who's Afraid of Virginia Woolf?*) 里的可怕场景也不在话下了。

嗜酒如命的酒鬼和滴酒不沾的禁酒主义者待在一起，是很难相处的。禁酒主义者认为自己受人误解，讨厌酒鬼的誓言妄举和夸大其词，也看不惯及时行乐和自我原谅的做派和心态。酒鬼呢，对禁酒主义者的刻板拘谨以及始终保持头脑清醒的做法，也甚是反感。思路清晰，这固然是好事，但终究还是呆板得让人恼火。总之，双方互相看不顺眼就是了。

酒鬼明白生活并不只是停留在精神层面，也无关乎掌控全局和划清界限的问题。而另一边，禁酒主义者连酒精分子对身体和心灵的影响都了如指掌。穆斯林、清教徒和禁酒主义者虽然彼此之间有着很大的差异，但是他们看待世界的方式却非常相似。酒徒也是这样，正是彼此之间相同的世界观让他们不知不觉地团结在了一起。他们很清楚，那些桎梏我们的条条框框并不完全是人性化的，更称不上神圣了。你甚至可以说，多巴胺让我们与喝醉的果蝇还有欢乐的小狗，站在了同一条战线上，哪怕只是一小会儿，是它让我们摆脱了人类百无聊赖、平淡无奇的苦海。

因为没酒可喝，我们一大早就起床，开着车穿过马斯喀特，前往宽塔布附近的海滩，满心只想着租条渔船，沿着海岸探索沙滩。这里有黑赭石，有海风肆虐雕刻出的岬角，还有岬角后方被沙漠灌丛隔开的海湾。波涛汹涌的海面上，到处都是拉客的当地渔民的绿船。在海湾生活的最后几天，我时常会感到惶恐不安，毕竟离家那么远，头脑还如此清醒。

有那么几天，我们没有租船，而是沿着海岸公路驱车前往苏尔。伴随着海洋的律动，一座座村庄被抛在身后。位于沙漠边缘的迪巴布（Dibab）、芬斯（Fins）和巴马海滩（Bamah），都处在迎风面，看上去朴实无华，平整过的秋葵花园，小径纵横交错。我们一同躺在海边，用鹅卵石在沙滩上写字，从一座座沙丘旁漫步而过。我们两个人之间的话变得越来越少，但现在这个问题已然没有前几周那么重要了。我发现，埃琳娜比我还要沉默寡言，但并非是因为难过，那么她到底为什么会变得这么不爱说话呢？

与沙漠和大海为邻的那段日子，从意识上来说，是格外纯净的。

血液中残留的酒精，要花上几天的时间才能代谢干净。而一旦清除殆尽，那种净化后的感觉实在是美妙极了。你的举止、想法，乃至感受都会变得不同，就连对爱人的感觉，也会有所变化。这是一场噩梦，但同时也是一次救赎。我们在情欲方面也发生了一些变化。

如果我们一直都在喝酒，那说不定就会在偏远的海滩上发生关系，还很有可能会因此而被捕。离开了酒，我们开始更加重视肩上所承担的责任，彼此之间也多了份别样的尊重。可掩藏在这一切之下那狡猾的背叛也会逐渐浮出水面。

有时，吵闹就像是慢动作镜头下腐烂的过程一般，如同镜头下碗里的桃子在一周的时间里慢慢腐烂那样。而这一切的源头，就在于彼此之间的猜忌和狂躁。这些头脑清醒时绝不会掀起任何波澜的情绪，却会在酒精的催化和酝酿下统统爆发出来，而且一发不可收拾。那是一种一眼便能看到潦倒结局的腐烂。我开始思考，当初自己是不是就是因为知道这里没法喝酒才提议来阿曼的呢。在这样一个伊斯兰君主制国家，狂野躁动的海滨夜晚无处可寻，我们不得不回归清醒和平淡，而这些有时也能让我们从他人的影响中摆脱出来。

新年前一天，我们开车前往沙漠古城尼兹瓦（Nizwa），当天来回。风尘仆仆地赶回马斯喀特后，换了身衣服，那一晚我们决定要好好地喝一杯。米丹套房酒店的前台接待员表示，离开西式大酒店，想要在别处寻觅到一瓶香槟，可谓希望渺茫。我们说想去看看。所有酒店推出的新年晚餐都是 300 美元一位，套餐里包含一瓶香槟，通常情况下是玛姆香槟[1]，而且还放在午夜供应，这价位实在高得离谱。但是，随着 8 点钟的到来，跨年开始倒计时。花多少钱喝上一口香槟似乎已经不重要了。400 美元，甚至 500 美元，我们都会买单。埃琳娜板起脸来，有可能喝不到香槟的念头在她的脑海里闪现。她变得格外果断和坚定。

"其他地方总能找得到，"她咕哝着，我们一齐向外面的汽车走去，"午夜喝香槟，这件事没得商量。"

在马斯喀特，你必须要穿行于那些迂回曲折的十字路口，沿着被商场和住宅楼所包围的没有路标的小路前行，而目的地往往就隐匿在这片商场和住宅楼之中。离我们最近的酒店，四散分布在库隆海滩的沿岸。为了赶往库隆，我们必须要走卡布斯高速，并且找到通往凯悦酒店和雷迪森酒店的高速出口。等我们到那儿的时候，正好在举办一场游园会，那里人很多，每个人头上都戴着一顶纸帽子。这是一个跨年派对。

"不行，"埃琳娜说道，她把脸转了过去，"亲爱的，我做不到。

---

1 玛姆香槟（Mumm）是以庆祝和喜悦为主题的香槟，玛姆红带香槟是玛姆品牌的旗舰香槟。

我没法坐在桌前，装出一副很尽兴的样子。"

"你可以喝到一瓶玛姆香槟呢。"

"玛姆在好的香槟酒里根本排不上号。"

我们真的在乎香槟的好坏吗？我们所追求的是酒的品质吗？我陷入了沉思。

我们一路开到了雷迪森酒店。它坐落于库隆海滩尽头一座山丘的顶端，这里曾经是一家精神病院。这家酒店还剩下几个空位，同样也是300美元一位，配一瓶香槟。餐桌旁坐满了异教徒，他们都是为了逃避伊斯兰禁酒令而在跨年夜赶来的。我们望了一眼，有些退却。"来吧，和我们一起，"酒店经理不停地叫喊着，冲着人满为患的餐桌比画着奇怪的手势，"想在午夜喝酒，这是你们最后的机会了！马斯喀特其他地方的座位全被订满了。"

11点到了，我们只剩下一小时的时间寻找香槟。但是，我们不想就此放弃，不想就这样待在雷迪森酒店。于是，我们面色沉重地走回汽车。"一个小时，"她说道，"我们还剩一个小时去争取不让跨年夜过得一塌糊涂。"

传闻中享乐主义盛行的库隆海滨大道，是当地人常来散步的地方。这里开着很多家咖啡馆和饭店。但都只供应果汁。"连过年他们都喝果汁，"埃琳娜气喘吁吁地说道，"这分明就是地狱。"我们开至一处岔道，期盼着能顺着这条路开回高速。我们在一家酒店的门口停了下来，并向工作人员询问这个时间是否还有酒店供应酒水。他们非常耐心地为我们进行了查询。他们说，确实有这么一家，是位于卡布斯古城商场内的一家墨西哥餐厅。他们为我们画了一张地图，看上去也没有十足的把握。祝好运！

这是一栋让人倍感亲切的小商场，是当地人很喜欢的那种。商场的零售店后面，有一些餐厅和花园。我们把车停好，便沿着一条小巷往下走，来到一排挂着灯笼的餐厅前。这里聚集着很多阿曼人，他们一边抽着水烟，一边紧张地盯着手表看时间，就像我们俩一样。我和埃琳娜加快了步伐。这儿有一家规模比较大的餐厅，叫哈尔吉，庭院里绿树成荫。我们要找的那家墨西哥餐馆就在它的正后方。这家餐馆的门是酒吧的那种旋转门，昏暗的室内挂着各种各样的皮纳塔[1]。我们疯了似的冲进去，只见里面到处都是戴着斯泰森毡帽、喝得醉醺醺的游客和外国人，还有四处走动徘徊的阿曼人。我们马上意识到，这里不行。我们一脸疑惑地回到那条巷子里。刚才的场面有些疯狂和失控，一番努力终究以无果告终。离午夜 12 点还剩下 10 分钟。我们准备在没有酒的情况下庆祝跨年。除了去哈尔吉餐厅美

1　皮纳塔（*Piñata*），传说起源于中国，用于庆祝春节，最早的皮纳塔是用纸包裹的种子和小型水果。

丽的小花园坐下来休息一会儿，点一份用胡椒和姜黄腌制的舒瓦[1]，再加上两大杯西瓜汁外，别无他法。月亮在花园的上方升起，身旁富有的阿曼人没有一个盯着自己的表看。

埃琳娜稍稍冷静下来了一点。当她接受事实，明白可能喝不到香槟的时候，她的情绪不再那么激动了，我们俩一边喝着西瓜汁，一边等待着新年的到来。忽然间，我们都平静了下来。午夜时分，什么也没有发生。所有人都在七嘴八舌地讲话，忙着吃饭和抽烟，甚至连一个抬头的人也没有。我们亲吻了彼此，开始怀疑自己是不是算错了时间。但其实，根本就不存在什么午夜狂欢。

我们举起果汁，祝福彼此新年快乐，还点了两支苹果味的水烟斗。午夜前半小时的惊慌失措此刻早已烟消云散，我们俩在花园里待了很久，望着月亮，抽着烟，沉默寡言。这是13岁以来我过的第一个没有酒为伴的新年。坐在户外赏月，和心爱的女孩一起抽烟，此刻的我头脑冷静，思路清晰，喝着哈瓦咖啡，一言不发。再也没有醉酒后的疯言疯语了。其实这样也不错，甚至可以说更合我的心意。开车回去的路上，我们俩都非常冷静，出乎意料地心满意足。我们躺在酒店的床上，消遣了一会儿，对新年释然了。

1　舒瓦（Shuwa）是阿曼最受欢迎的菜肴之一。制作时先用芫荽、黑胡椒、孜然和豆蔻腌制羊肉，然后用木炭在地下沙炉中炖煮一天，最后配上调味米饭食用。

第二天，我们起得很早，丝毫没有宿醉的困扰，顶着刺眼的阳光，驱车前往宽塔布海滩。渔民们还像往常那样等候着我们。不到几分钟的时间，我们就租到了一条船。海面上风平浪静，稍微泛起波澜，仿佛水下潜伏着一条双髻鲨似的。

从宽塔布往南 20 分钟，我们来到了一片从未涉足过的沙滩。它形如一道弯弯的新月，位于两个由海水冲刷而成的岩石岬角之间，像极了餐叉中突出的尖头。船夫将我们送至浅滩，便由我们自己上岸，待到傍晚时分，再回来接我们。我和埃琳娜走上沙滩。不到一分钟的工夫，这里就只剩下我俩，再无旁人。我们的身后是一片遍布着干草和碎石的山坡，目之所及连一条路也找不到。远处岩架的顶端，正休憩着几只等待的鸟儿。

气温逐渐上升，我们把毛巾摊开，躺在上面。我很高兴，自己没有宿醉，头脑也更加清醒。半醒半睡间，我看到埃琳娜眼睛睁得大大的，焦虑不安地咬着嘴唇。然后她坐了起来，开始四处张望，仿佛听到了什么不寻常的动静。

"我听到了蜜蜂的嗡嗡声。"她说道。

在每一段关系中，总有那么几个时刻，会显露出完全陌生的一面。我从不知道埃琳娜害怕蜜蜂，或者说蜜蜂在她的潜意识中占据一定的位置。也许，正是长时间的清醒，让这种潜意识中的恐惧表现了出来。

"这儿有一只蜜蜂。"她说罢，便起身站在阳光下。埃琳娜是舞者出身，她那棕褐色的皮肤，还有随风飘逸的金发，如同莫尼卡·维蒂（Monica Vitti）那般美丽动人。

"不可能有蜜蜂的。"我说道。

"有蜜蜂，我听到了。"她开始冒汗。"它在盯着我看。我能感觉到。"

"我不可能盯着你看。"

"它一直在跟着我。到底在哪里呢？"

她扭动着双手，来回地走。埃琳娜开始哭泣。忽然她又沿着沙滩往前走，一边叫喊，一边挥舞着双臂，驱赶那只臆想中一直跟着她的蜜蜂。她一路跑到小沙滩的尽头，手舞足蹈起来，仿佛在和一头无形的野兽打斗。伴随着一声叫喊，她一头扎进了水里。

"我的癔病，"波德莱尔曾写道，"是由快乐所引起的。"我躺在那里，对此有点知所措，于是便站了起来。这时，一只蜜蜂从我的头顶掠过，朝着水边飞去，不过是沙滩的另一头。显然，这只蜜蜂对我们俩毫无兴趣。我顺着沙滩往前走，思考一会儿该说些什么宽慰她。我真希望此刻我们能一起喝上一瓶伏特加，兴许一切都会变得更美好。我走近埃琳娜，她生气地望着我，质问蜜蜂究竟去哪儿了。我撒了个谎，告诉她这里根本就没有什么蜜蜂。

"不过那里有双髻鲨哦。"我说道。

她从水里跳了出来，回到岸上，站在那儿直哆嗦，发疯似的东张西望，四处寻找那个长着小翅膀的攻击者。我递给她一条毛巾，让她拿着拍打周围的空气，驱赶蜜蜂。她一把抓住毛巾，按照我说的不停地挥舞着毛巾。我们俩一起走回原先躺下来的位置。埃琳娜拍打着周围的空气，不一会儿便喜欢上了这个动作。我躺了下来，而她则踱来踱去，不住地拍打，还连带着跳上几个舞步。这是一种病态的催眠。

很快，她便完全沉浸其中，上下跳跃，在沙滩上踮着脚尖旋转起来，任由毛巾在她身边打转，驱赶蜜蜂，俨然成了一场演出。在美轮美奂的舞蹈的衬托下，画面也变得没那么奇怪了。就在这个时候，一艘阿拉伯渔船出现在视野当中，正缓缓地驶过这片开放水域。行至海湾的中央位置，船突然停了下来，船员被所看到的景象给惊呆了。沙滩上，一位美丽动人的金发女孩正腾跃着，跳着专业的芭蕾舞步，手中还挥舞着一条毛巾。我看到，船员们纷纷用双手捂住了自己的眼睛。异教徒永远让人不可思议。

回迪拜的路上，我一直在思考这个问题。在阿曼度过的整个旅程，从头到尾，我们连一杯酒都没有喝过。那种氛围是令人难忘的，但也好像缺了点什么。是少了些浪漫和热情。彼此坦诚相待，但各自的问题也暴露无遗，我们感到疲惫。对此，我觉得自己是要负一定责任的，就像一个爱吹牛的人被迫用测谎仪去测谎一样。

回到福朋喜来登酒店后，我独自去了酒吧，点了一杯常喝的伏特加汤力。看到酒吧里东欧风味的馅饼，还有那挂在墙上的飞镖盘，我不禁松了一口气。埃琳娜正在楼上休息，她早已将恐蜂症忘得一干二净，我放松下来，加入酒徒的队伍当中。我慢慢地喝下伏特加，默默哼了声哈利路亚。伏特加的意思是"小水"，它如同一剂良药，荡涤灵魂。我一股脑喝了三杯伏特加汤力，一言不发，脑子里什么也没想，把注意力全部集中在怎么恢复到往日的状态上。这时，一缕愁绪袭来，我想家了。在希腊语中，伏特加的意思是"回归的痛苦"。

9
伏特加

—

The
Little
Water

绝对伏特加之父卡尔森喝起酒来有着棋手般的气度，仿佛是蒸馏带给他的。

夏天的海沃兹希斯，好几台联合收割机在麦田里劳作着。驾驶员坐在收割机的驾驶室里，完全看不到路面上的情况。于是，一个残忍的游戏，就这样应运而生，号称另一个版本的非洲鸡（African Chicken）。我们从父母那儿偷来伏特加，然后就着金属瓶盖，挨个轮流喝上一大口。皇冠伏特加的口感有点像汽油，就是从发动机底部舀出来的那种，但是喝到最后那股略微刺激的灼热感着实让人上瘾。我们在联合收割机的必经之路上躺下，将自己藏在麦丛中，然后在旋转刀片靠近的千钧一发之刻，翻身避开。躺在凉快的麦秆堆里，有些心神不宁，听到收割机正在慢慢靠近，我们会凭借声音判断余下的距离，然后迅速地做出决断，在刀片滚过的瞬间翻身躲开。

是伏特加让这一切成为可能。我望着天空，任由思绪一缕缕地飘向空中。我想，我会被切成碎片，什么也感觉不到，在短短的一秒内，一切都将画上句号。

想来，那些伏特加应该都是我偷的。无论在世界哪个角落的酒吧喝伏特加汤力，我总会情不自禁地想起自己的父母，想起他们住在萨默菲尔德路上那栋通风良好的大房子里，打开几瓶加拿大干型汤力水，与皇冠伏特加调和，再放上几片柠檬的景象。也许是我记错了吧，但我确实在那里看到了他们。他们看上去是那么的幸福恩爱。

皇冠伏特加瓶身上那伪沙皇时尚的标志，让人不禁回忆起过往。20 世纪 70 年代初期，"小水"曾一度成为风靡一时的饮品，而这很大程度上要归功于该品牌出色的营销推广。伏特加就这样靠着略施小计走向了国际市场，其辉煌与成功远远超过了葡萄酒和其他品牌的烈酒。伏特加为玻璃酒杯带来了别样的特质：那是一种纯净清澈的北欧风情，一种浓郁的异国情调。1979 年，经过潜心研究，有人研制出了绝对伏特加[1]，该品牌目前由瑞典政府所有。

百加得[2]、皇冠和绝对伏特加是全球三大酒水品牌。每年，单单是绝对伏特加的消费量就高达 9600 万升，该品牌同时也是历史上广告投放宣传时间最长的品牌。中东地区的酒吧，基本上都能找到绝对伏特加。该品牌的销售遍及 126 个国家，其市场饱和度之高，几乎无人能与之媲美。随着广告宣传的持续推进，这个世界俨然是绝

1　绝对伏特加（Absolut vodka）产自瑞典南部小镇，是世界知名的伏特加品牌。
2　百加得（Bacardi）是世界上最大的家族私有烈酒厂，灰雁伏特加（Grey Goose）是百加得旗下的高端伏特加品牌，被誉为"全球最佳口感伏特加"。

对伏特加的天下。虽然伊斯兰教的伊玛目否认该说法，但是每家酒吧都少不了绝对伏特加的身影。

VOGUE 杂志曾邀请我撰稿，写一篇关于绝对伏特加创始人——企业家彼得·埃克伦德（Peter Ekelund）和蒸馏酒大师博瑞·卡尔森（Börje Karlsson）的文章。如今，他们又合力研制出另一款由马铃薯酿造的复古伏特加，称为卡尔森金牌伏特加（Karlsson's Gold）。这款酒的原料采用瑞典西海岸布加莱半岛上出产的六种不同基因链的土豆。它们的名字也很迷人：分别是席琳（Celine）、哈姆雷特（Hamlet）、圣托拉（St. Thora）、普林西丝（Princess）、索利斯特（Solist）、马林（Marine），还有最重要的加梅尔·斯文斯克·罗德（Gammel Svensk Rod），或者瑞典罗德（Swedish Red），这是少数基因专利不属于孟山都公司[1]的土豆品种。这些土豆都由农民合作社负责采摘，并逐个用手洗净。

英格玛·伯格曼所执导的电影《第七封印》，就是在布加莱半岛取景拍摄的。这里地处偏远，又迎风，被誉为盛产伏特加马铃薯的波尔多。我在其中一家农场见到了埃克伦德。他鼓励我试着操控一台土豆收割机。田地里，那些收割机如同一辆辆缓慢行驶的坦

---

1 孟山都公司（Monsanto），美国跨国农业公司，是全球农作物种子的主要生产商。

克，发出嘎嘎的声响。接下来，我们来到其中一个飞机棚，在那里碰到了一群正在品尝生土豆的农民。每一种土豆似乎都有着不同的风味和口感。我被要求在大家面前做个自我介绍。为了开个玩笑，我便说自己是"美国最厉害的伏特加品鉴师"。本以为他们会拍着膝盖哄堂大笑，可没想到他们脸上竟然没有一丝笑容，透出一种让人难以忍受的斯堪的纳维亚式严肃。他们点了点头，样子看上去有点紧张。

"所以，"他们中一个人说道，"你是 *VOGUE* 杂志派来的伏特加品鉴师？"

对他们来说，伏特加就是一切，那么认为 *VOGUE* 杂志有一名伏特加品鉴师，也就不足为奇了。当然，我应承了下来。再然后，我就不得不一一品尝每一种蒸馏液样品，并给出评价。

卡尔森酿造的伏特加，独有一股白巧克力的香气。去斯德哥尔摩拜访卡尔森教授的时候，他曾告诉我，他并不赞同伏特加马提尼的调配方式，但每次只要点伏特加马提尼，我还是会选他酿制的伏特加作为基酒。事实上，和他在一起，我学会了如何在用餐时纯饮[1]伏特加，这么做，能让头脑变得格外清醒。卡尔森蓄着白白的山羊

1　纯饮（Neat）指在杯中倒入酒水，不加冰，也不进行调制，直接饮用。

胡子，手里拿着根烟斗，看起来和晚年的易卜生有几分神似。他身上还散发出一种隽永的品质，一种能在愉快的沉默中展开冥想的能力，而这种能力仿佛是由蒸馏过程培养出来的。作为绝对伏特加酒之父，卡尔森喝起酒来节制有度，有着棋手般的气度，偶尔也喜欢岔开去，讲个幽默的笑话。我问了他一个问题，酿造出世界上最受欢迎的酒，究竟是一种怎样的感觉。

"绝对伏特加是一款不错的酒，"他回答道，"但比起我的金牌伏特加，还是差点。"

"你觉得，绝对伏特加会风靡全球吗？"

"我们的初衷主要是占领瑞典市场。"

这款小规模纯手工酿造的金牌伏特加，或许永远无法出现在迪拜大多数酒店的酒吧里，而他所付出的心血和汗水中，似乎也夹杂着几分遗憾。它是一款真正意义上原产自瑞典的伏特加，其出现令每年上市的 200 个品牌的伏特加都相形见绌。

谈起绝对伏特加所取得的辉煌与成功，那位兢兢业业的酒业大亨埃克伦德似乎不想多说。在布加莱农舍里品尝各种提纯蒸馏液时，他曾亲口告诉我，在酿制金牌伏特加时所领悟到了令人惊讶的一点，那就是对于原产地的尊重，能够造就伏特加的卓越。确实，每一种马铃薯的蒸馏液样品都各有一番风味。就连每年上市的卡尔森金牌伏特加在口感上也会存在微妙而又显著的差异。但这丝毫没有影响伏特加在中产阶级占多数的国家——瑞典以外的地区和其他五六个城市高档酒吧里取得成功。人们总喜欢把自己当成独具慧眼的伏特加爱好者，所以才会有灰雁伏特加的成功。这个品牌的伏特加质量并不突出，却一直标榜自己比其他品牌更胜一筹，但其实根本不是那么一回事。就连詹姆斯·邦德提出的谷物伏特加优于马铃薯伏特加的断言也是错误的。

"不，"埃克伦德承认道，"这只是一种时尚。至于为什么它会成为一股潮流，我也不是很确定。绝对伏特加成了一款派对饮品，一款面向年轻人和男同性恋的酒。"

20 世纪 80 年代，绝对伏特加开始面向同性恋消费者进行宣传和推广。但是，伏特加究竟为何会变得如此重要、不可或缺，这其中的原因并没有人知道。这种水和酒精的混合液，在过去 30 年的时间里成了世界的主流。而且，作为一款精选饮品，伏特加在销售量和消费量上均已超越苏格兰威士忌、金酒和葡萄酒。或许，它已经成为人类历史上取得最大成功的人工酿制酒。而让我感到吃惊的是，人们居然没有制定任何关于伏特加的法特瓦[1]。

1　法特瓦（fatwa）是乌理玛基于伊斯兰教教义对重大问题的阐释和裁决。

与此同时，绝对伏特加还有可能会成为一款深受年轻人追捧的饮品。我想起了1986年因肝硬化而去世的波兰岳父，他平日里喜欢喝的正是绝对伏特加。身为一名深知酒精成瘾危害的作家，我或许应该向埃克伦德和卡尔森询问这方面的问题。但我相信，托马斯的自暴自弃源于酗酒，而这些原因是没办法在这两位绝对伏特加的创始人面前摊开说明白的。毕竟，不是他们发明的伏特加，更不用提蒸馏酒。托马斯享年四十四岁，是一名杰出的小提琴家和指挥家，曾参加在美国康格尔伍德举办的库塞维茨基国家指挥比赛（Koussevitzky Drize）并荣获大奖，也曾经替著名指挥家安德烈·普列文上场指挥。16岁时，托马斯就已经是华沙交响乐团的首席小提琴手。就连伟大的波兰作曲家潘德列斯基（Penderecki）也曾专门为他谱写了一首协奏曲。托马斯是一位音乐奇才，是共产主义体制下宝贵的财富。后来他动身去了纽约。

20多岁时，他带着妻子歌手埃娃·杜布罗斯卡，还有刚出世的女儿，也就是我的前妻卡罗利娜，一同移民到美国。他们先是在新泽西州安顿下来，后来又搬去了位于纽约州伊萨卡学院的校园。

他们很成功。埃娃在纽约大都会艺术博物馆献唱；托马斯来往于世界各地，担任乐团指挥。他们在中央公园西部路买下了一套房产。他的情绪不太稳定，很容易激动，二战的阴影一直在他心中挥之不去。托马斯的家庭来自波兰的克拉科夫（Kraków）。当他还是个小男孩的时候，就在大街上和他的父亲一起被德国人抓走。托马斯的父亲也是一位小提琴演奏家。他们被带到了几英里外的郊区奥斯维辛。这些德国士兵参与扫荡行动，并带走了一些当地人。但是很快，奥斯维辛集中营里的人就认出了他父亲的身份，发现他是一位著名的小提琴家。于是，他们被放走了。在波兰，共有300万名天主教公民，惨遭德国人的杀害。但那一天，托马斯和他的父亲却因为不是犹太人而幸存了下来。这件事，他永远也忘不了。

随着事业慢慢有了起色，他开始饮酒。作为波兰人，他不光喝伏特加，连苏格兰威士忌也来者不拒。后来，托马斯有几场非常糟糕的表演。其中一次是在卡内基音乐厅。在表演过程中，他竟然心神恍惚，不知道演奏到了乐谱的哪个位置。他的事业从此开始走下坡路。

第一次见到托马斯，是1985年他来巴黎拜访我们的时候。那是他去世的前一年。没过多久，他的外孙就出世了。当时他很开心，稍稍有些盛气凌人，是一个非常熟悉二战的人。他同我们一起住了两晚。我发现，他起得很早，不到中午，就会喝完半瓶伏特加或苏格兰威士忌，有的时候甚至喝光一整瓶。他不仅深夜喝酒，有时更是大清早还抱个酒瓶喝得烂醉。吃午餐的时候，他的手不停地颤抖着，双目无神，眼球转来转去好像必须向内转似的。对于这样一个敏感而又富有天赋的人来说，这种感觉实在让人局促不安。他喋喋不休地说着话，如同寻常酒鬼一般，那双放在身前桌上的手似乎在颤抖。我当时就在想，对于一个伏特加上瘾的人，身边的人应给予充分的同情，而非说三道四。不论是从法律规定上还是从风俗习惯上，酗酒并没有被完全接受。可现在，托马斯已经完全失控了。

有一天，我和他一起去了阿贝斯广场（Place des Abbesses）的圣让咖啡馆，那儿离我们在蒙马特尔（Montmartre）的公寓不远。我和托马斯在露台上的一张桌子前坐下，通过聊天加深对彼此的了解。我们点了些酒。我记得，当时他点了一杯伏特加汤力，而我点的是一杯500毫升的啤酒。我刚喝完啤酒上面的那层泡沫，他就已经喝到了第二杯。而等我喝到啤酒杯一半的位置时，托马斯已开始喝第四杯酒。"别担心，"他说道，"我还撑得住。都习惯了。"他问我，当作家有没有前途，能否照顾好他的女儿。我回答道，没什么前途。接着，他又点了第五杯酒。走回公寓的时候，他步伐稳健，可以直线行走，但整个人都处于精神恍惚的状态。那天晚上，他又喝掉了半瓶酒。

托马斯和埃娃离婚了。他带着新欢住进了新泽西州大洋城的一栋房子，负责管理总部位于纽瓦克圣心大教堂的新泽西交响乐团。大洋城是禁酒的。他选择了这样一个地方定居，着实讽刺。伍迪·艾伦主演的电影《星尘往事》，让这座城市成为永恒的经典。在这里，随处可见的冰激凌便是酒的替代品。方圆几英里都找不到一家酒吧的踪影。

我们在巴黎听说了托马斯酒瘾越来越大的消息。那时，埃娃同我们住在一块，后来因乳腺癌而不幸离世。她去世后，托马斯的酗酒给我们敲响了警钟。他当时的女朋友也没能劝住他，她害怕极了，不知所措，于是不断地向我们报告托马斯连续数日纵饮狂欢的事情。整日的放纵，似乎让他成为一具行尸走肉。终于在立夏时，我们接到了那个一直以来害怕接到的电话：托马斯住进了纽瓦克的一家医院，他丧失了行为能力，因肝硬化而病危。我们只剩下几个小时的时间，赶去见他最后一面。

我们带着孩子一起去了纽瓦克，一下飞机便直奔医院。当时正值热浪来袭，气温超过了37摄氏度。我们是凌晨赶到的，一路上精疲力尽。医务人员一开始还不知道托马斯是谁，过了好一会儿才告诉我们病房号。我提议先抱着孩子上楼，好让托马斯最后见见自己的外孙。那一年夏天，卡罗利娜20岁，还不算成年人。她开始意识到，一旦父亲去世，她就成了这世间无依无靠的孤儿。

我坐着电梯上楼，出来后便拐入一条长长的走廊，病房的门都关着。托马斯的房间在走廊的尽头。我敲了敲门，没有人应答。我推开病房的门，手里抱着孩子走了进去。病房里的光线有些昏暗，正中央摆着一张病床，上面躺着的老人枯瘦如柴，身上插了一些管子。我说了声抱歉，便往外走，然后再次确认病房号。确实是他们告诉我的病房号。我重新走进病房。病床上躺着的正是托马斯。肝硬化已将他折磨得认不出来了。托马斯刚刚注射完高剂量的吗啡，他盯着我看，不知道我是谁。我走了过去，同他讲话。可此时的托马斯已经进入了谵妄状态。

一小时后，他去世了。我们坐出租车去大洋城曼彻斯特酒店时，还没有完全从震惊中缓过神来。接下来的几天里，我们处理了托马斯的后事，包括那栋大房子、各式各样的名贵衣物和乐谱。那一天，我们坐在大洋城海滩上，一起去了冰激凌店，吃了冰激凌，这里是不允许喝酒的。那时我们所需要的，其实是一起喝上几杯酒，但这个想法只有在晚上去纽约时才能实现。我们在曼彻斯特酒店用餐，然后带着孩子一起来到大洋城海滩上的意大利手工冰激凌店。但有时候，晚上11点过后，我会独自出门，抱着能碰上一家尚未被整顿的酒吧的希望，穿越整座城市，一直走到铁轨的位置，但最后均以无果告终。大洋城海滩与沙特阿拉伯的小镇一样，都是禁止饮酒的。

我漫步在大洋城的街头，体会着托马斯的那种口渴，忽然间对酒充满了渴望。他会选择在这个地方生活，真是想不通；但或许搬到这里来住，也并非他一个人的主意。禁酒的小镇对于酒鬼来说，就像是治疗药物之于上瘾者。

10
亲爱的伊斯兰堡

—

My
Sweet
Islamabad

耳边回响着清真寺宣礼吏在黑暗中呼唤信徒祷告的声音。　我独自待在房间里喝酒，

那年春天，我独自从迪拜乘坐飞机前往伊斯兰堡。刚刚体验完迪拜机场的轻松舒适，还有那大理石铺就的地面、先进的技术设备和宽敞明亮的大厅，就来到这个位于拉瓦尔品第（Rawalpindi）的机场。它是伊斯兰堡危机四伏的姐妹城市。我心头的担忧和沮丧相互交织，凌晨三点，身边尽围绕着些流浪汉、黄牛贩子，还有荷枪实弹全副武装的保安。机场外的马路上空无一人，光线昏暗，我坐上一辆出租车，司机踩下油门，巴不得立刻离开这个鬼地方。F6是伊斯兰堡最富裕的也是治安最好的一个街区，我在这里的一家迎宾馆住下。房间很简陋，只有一些英式的硬装[1]。屋子里还弥漫着一股廉租房厕所的臭味，外面的露台被相邻楼房的窗户和天井围住。整栋楼就只有一位保安，配的是M15式手枪。

　　那几天阳光明媚。马麦酱吐司条配上用康乃馨牌炼乳和红茶包冲调的奶茶，便是我的早餐。大清真寺离我住的地方不远，我可以

1　房屋装修分为硬装和软装两部分，其中硬装指水电、墙面油漆、地板等基础工程。

步行过去。这个依照 20 世纪 60 年代审美品位所建造的纪念碑，对于一座清真寺而言，似乎太过醒目，它矗立在白色大理石花园的中央，神圣不可侵犯。

我租了一辆摩托车，一路骑到塔克西拉古城（Taxila）。这是位于伊斯兰堡北部山区的犍陀罗遗址。亚历山大大帝曾在此建造了一座佛寺，在公元 6 世纪时却遭到了嚈哒人[1]的破坏。看到一个骑着摩托车而来的白人，导游很是震惊，他带着我四处参观，指着一处 1500 年前的火烧痕迹。

"喏，嚈哒人。这里，是嚈哒人。"他摇着头，满脸的厌恶，但又夹杂着几分忧伤。"喏，还有这里，也是嚈哒人，过来，"他又指着脚手架，"喏，英国人。"

嚈哒人，英国人，还有亚历山大大帝，都在这里留下过痕迹。犍陀罗时代的希腊国王在铸造银币德拉马克时，将佛祖和雅典娜的图案都铸了上去。公元 8 世纪时，年仅 19 岁的倭马亚将军穆罕默德·本·卡西姆率领大军征服了信德山区一带，伊斯兰教自此才开始传入。

结束塔克西拉古城的旅行后，我回到了伊斯兰堡。夜晚的伊斯

1　嚈哒人，晚古典时代西域的游牧民族，曾于中亚、南亚地区建立规模广大的嚈哒帝国，被东罗马帝国史学家称为"白匈奴"。

兰堡，看上去神秘而又压抑。即使是在热闹的地方，比如年轻人常去的冰激凌店，门口也有不少警察持枪站岗。冷清的餐厅里也弥漫着一种紧张的气氛，仿佛预示着未知灾祸的到来。在这里，你可以尽情享受人生中必不可少的独处时光以及未来的不确定性。

一天晚上，我实在是厌倦了孤独的感觉，也吃腻了橙汁和冰激凌，于是便去塞雷纳酒店与一位巴基斯坦商人会面，他是我纽约朋友的朋友。到目前为止，达瓦特应该算是伊斯兰堡最豪华的酒店了，而塞雷纳是巴基斯坦首都唯一的真正意义上的奢华酒店。这位朋友没有把他的名字告诉我。他俯下身子，贴近桌面，小声地对我说，阿富汗总统哈米德·卡尔扎伊就住在楼上的一间套房里。"晚餐的时候没准儿能看到他，"他说道，"说不定这里就我们和他。"我打量一下四周，这里富丽堂皇，人很少。虽然我还抱着一线希望，但是看样子卡尔扎伊是不会现身了，上乘的波尔多红酒估计也是喝不上了，我听说，伊斯兰堡的酒店可以喝到酒，而且不是那种水果酒。

我们俩穿着皱巴巴的西装显得不正式。他有一头棕红色的头发，这种发色在上了年纪的巴基斯坦男人当中特别流行。说话的时候，他总是把声音压得很低。他问起我来伊斯兰堡的目的。巴基斯坦的旅游业向来不景气，而他又十分肯定，我不是什么"美国特工"，绝对不是中情局的。

"我来，"我说道，压低了声音，"是想看看在伊斯兰堡能不能喝个烂醉。"

他惊慌失措地看着我："你没开玩笑吧？在伊斯兰堡买醉？"

确实有传闻说现在的巴基斯坦对酒的管制非常严格。或许，喝醉本身就是一场文化历险。巴基斯坦是世界上治安最差、禁酒最为严格的国家之一。我很好奇，在这里喝酒会是怎样的情形。

"难道你把这些也写进了签证申请吗？"他提高音量问道。

我承认，在纽约办签证确实费了不少周折。在华盛顿的巴基斯坦大使馆里，提问、进度推迟和质疑持续了整整几周的时间。有一回，因为签证一直没有下文，我便打电话询问签证的申请进度，一位工作人员先是礼貌地与我争执几句，表示了遗憾，然后就冲我吼道："你的护照不在我们这里！别废话！"

他哈哈大笑起来。

"是的，我明白了。想必他们觉得你是个来旅游的酒鬼吧。"

"对啊，没错，确实如此。"我应承道。

富丽堂皇的大理石大厅里，传来一阵阵悠扬的琴声，一位钢琴家正投入地演奏着《爱情故事》。琴声在有着枝形吊灯的酒店长廊和沙龙里久久地回荡着，客人却始终寥寥无几。角落里坐着几个美国人，没精打采地盯着手机，说起话来声音压得奇低，也穿着皱巴巴的西装。外面门口的位置，站着一位裹着红头巾的男人，一副严阵以待的样子。传言说，中情局对这家酒店情有独钟。出乎意料的是，塞雷纳居然从未发生过爆炸袭击。不过，恐怖分子通常都是放长线钓大鱼。

随着伊斯兰极端主义的抬头，酒吧成了伊斯兰世界里首当其冲的袭击目标。这么多年来，从巴厘岛到伊斯兰堡，出于兴趣，我一直在追踪报道自杀式袭击中针对酗酒者展开的屠杀。2008年9月20日，一位自杀式袭击者驾驶一辆装着炸药的卡车冲向万豪酒店，将其炸毁，当时共有54人遇难，266人重伤。毋庸置疑，万豪酒店大名鼎鼎的酒吧，以及长期以来与酒的密切关系，是袭击案发生的一条导火索。2007年，同样也是在万豪酒店，又有一名自杀式炸弹客发起了爆炸袭击。

因此，无可否认，在伊斯兰堡将自己灌醉，确实是有些胆战心惊。很可能刚刚你还坐在座位上，小心翼翼地拿着一只塑料袋，抿着保加利亚梅洛葡萄酒时，忽然之间就因为一枚钉子炸弹被炸得身首异处。而且单单就喝酒这一项罪名，没准你的脑袋就会被人打上一枪。这种死法的可能性不算很高，但也不会特别低。

几位穿着莎丽的女孩为我们端来了盛着咖喱羊肉的铝锅。接着我问他，能不能提出要一杯葡萄酒。这只是一个想法，听说是可以办得到的。

他把眼睛睁得老大，嘀咕道："什么，一杯葡萄酒？"

我也小声地说道："有时他们可以办得到，不是吗？"

"他们有这个能耐吗？"

他打量了下服务员，用乌尔都语同她讲话。

"葡萄酒？"她用英语问我。

"就一杯。"

这位商人开始有点局促不安了。

那位服务员也俯下身子，轻声地说道："这个我们办不到。放在塑料袋里也不行。喝一杯新鲜的草莓汁如何？"

"西瓜汁也行啊。"商人抱着一丝希望提出建议，"他们管它叫天然伟哥。"

"那好吧，"我叹了口气，说道："来一杯新鲜草莓汁，加冰块。"

服务员把声音压得更低，说道："先生，楼下有一个酒吧。晚餐后你可以去那儿。

"酒吧？"商人嘘了一声。

"没错，先生。地下室有一个酒吧。"

服务员离开后，我的朋友开始皱眉头了。

"她说的可能是真的，也有可能是假的。但不管怎样，我都没办法跟你一起去酒吧了。他们绝对不会放一个穆斯林进去的。我会被抓起来的。"

我问他，要是和我一起在塞雷纳酒吧喝吉尼斯黑啤酒时被抓个正着会怎样。

"看情况，"他闷闷不乐地说道，"可能会坐牢。"

"坐牢？"

"对，坐牢，或者被暴打一顿。"

巴基斯坦是一个拥有 1.6 亿人口的国家。作为巴基斯坦的首都，伊斯兰堡人口将近百万。可我的朋友肯定地说，这里能喝酒的地方屈指可数。伊斯兰堡总共只有 3 家开放式酒吧。整个巴基斯坦的酒水商店也不过 60 家左右。在伊斯兰堡，除了塞雷纳酒店那家秘密的地下酒吧以外，万豪酒店还有一家叫作流言蜚语的酒吧。据说，在贝斯特韦斯特酒店，也有一家酒吧，可他从来没有去过。伊斯兰堡城外的避暑胜地穆里（Murree）镇，有一家豪华酒店，叫五洲明珠大酒店。这里听闻也有一家酒吧，能够欣赏到克什米尔白雪皑皑的山脉。他曾听说有位朋友在那里喝过一杯金汤力。那都是很久以前的事情了。他补充道，在伊斯兰堡的姐妹城市拉瓦尔品第还有一家酒吧，叫闪电侠，名字很酷炫，但后来被旅游部门取缔了。

伊斯兰堡的酒吧文化日益受到打压和限制。有些酒吧建在外国大使馆内，只接待外交使节团。还有一家联合国俱乐部，也同样有出入限制。据小道消息称，一家名叫卢娜·卡普雷斯的意大利餐馆，颇受西方人欢迎，服务员会把酒瓶藏在塑料袋里，为客人倒葡萄酒。他们不会给客人看瓶身上的标志，但会为你倒酒，而且酒钱要另付，这样一来，这笔明细就不会出现在餐馆的账簿中了。

"这家餐馆很有名吗？"我问道。

他悲伤地说道："以前很出名……后来被炸毁。"

晚餐过后，我的朋友做了个绝望的手势，便离开了，他祝我"喝酒愉快"。

我沿着琴声回荡的酒店长廊折返，来到一处奢华的楼梯间，这里靠近达瓦特酒店，向下延伸至塞雷纳酒店截然不同的另一边。楼梯上空无一人。我顺着楼梯往下走，抛光的大理石阶梯有些打滑。我走进宽敞的地下画廊，一道高大的人影忽然闪了出来，是一位服务员，他穿着一身帅气的白色制服，戴着手套和头巾。

"酒吧，"我悄声说道，"在哪里？"

"酒吧吗，先生？酒吧在这个位置。"

他挥了下手，指了指角落里的一扇门，举手投足间透出优雅和庄重。我向他致谢。他朝我鞠了一躬，缓缓走上楼梯。我朝周围看了看，确认身边再无别人，便快步走向那扇没有任何标记的门，仿佛一个自甘堕落的人，一步步朝着内心最黑暗的欲望靠近。我推了推门，只传来阵阵嘎嘎声，门把上挂着锁。我晃了晃门，可还是打不开。此时还不到晚上9点。我意识到，今晚这漫漫长夜也只能与草莓汁为伴了。

· · ·

几天后，我去了万豪酒店，因为实在太想喝金汤力了。这里的酒吧似乎是伊斯兰堡唯一的晚上9点后仍继续营业的酒吧。如今，万豪酒店已完成修缮重建，周围戍守着士兵，还有那一道道让人伤感的混凝土路障。这种路障在伊斯兰堡到处都能见到，上面贴满了吉克机油的贴纸，还有一种叫泰斯提的东西。酒店大堂里装点着鱼缸、旁遮普[1]艺术品和喷泉，却弥漫着紧张不安的氛围，失去了不少生机。豪华的咖啡厅里，坐满了沙特人，清一色都直愣愣地坐着，面前摆着一盘盘不含酒精的蛋糕。我穿过咖啡厅，朝杰森牛排走去。

店里一位客人也没有。我点了份牛排，然后像往常一样小心翼翼地询问服务员，是否能给我一瓶酒。

"我去问问看。"服务员回答道。

1　旁遮普（Punjabi）位于印度西北部，首府为拉合尔。

回来的时候，他手里拿着一个黑色塑料袋，只露出葡萄酒酒瓶的盖子，是一瓶红葡萄酒。

"白葡萄酒呢？"

"不推荐白葡萄酒，先生。"

我问他这是什么牌子的红葡萄酒。

他俯下身来，在我耳边小声说道："是希腊西拉，先生。"

在伊斯兰世界，万豪酒店集团一直被视为美帝国主义的象征。而事实上，正如我所说的，对于那些武装分子而言，真正具有强烈挑衅意味的是万豪酒店里的流言蜚语酒吧。享用完牛排和难喝的希腊西拉红酒，我就会去那里喝酒，是一位服务员给我带的路。穿过一条没什么人的宽敞走廊，然后沿着楼梯往下走，在一处荒僻的、挂着一盏枝形吊灯的楼梯平台处左转，继续沿着楼梯向下走。楼梯的底部，便是酒吧闪烁的霓虹灯和门，仿佛一家藏在人行道底下的色情俱乐部。酒吧门口装了好几个安保摄像头，专门为了揪出那些行为不端的巴基斯坦人。"这里就是酒吧了。"服务员指着那道门，带着肯定的语气小声地说道。这次，酒吧还在营业。

我走了进去，本以为会是那种嘈杂混乱的地下酒吧，到处都是喝醉酒的中情局特工和不当班的海军士兵，没准儿还簇拥着不少巴基斯坦和印度裔的放荡女人。可我没有这么好的运气。酒吧里还像往常那样空无一人，四周是织物软包墙，座椅上饰有流苏。酒吧里摆着两张台球桌，还有桌式足球，以及一台正在播放英式情景喜剧《东区人》的电视，电视旁边还挂着一个飞镖盘。这是一家非常传统的英式酒吧，让人感到格外的舒适自在。一位穿着马甲的酒保，此刻正在吧台后面清洗啤酒杯。他望着我，眼神里透露出浓厚的兴趣。他是个穆斯林，很快便欣然承认自己从来没有品尝过撒旦的蜜酿，他没有喝过一次酒。

他为我调制了一杯中规中矩的金汤力。我问了他关于酒吧门口安保摄像头的事情。他很乐意讨论这个问题。

"每个礼拜，我们都能抓到那些可恶的家伙，"他摇晃着脑袋咕哝道，"就是那群来喝酒的穆斯林。先生，我们可以通过屏幕识别出来，这样他们就进不来了。"

可恶的家伙？

"他们后来怎么样了？"

"被赶出去了，先生。我们会把他们赶出酒吧，有时甚至还会报警。"

"他们会挨揍吗？"

"那是肯定的。"

1977年以来，巴基斯坦的穆斯林被规定不得饮酒。这里的酒保告诉我，就算穆斯林客人只是试图推开酒店酒吧的门，也会被要求查看身份证，挡在门外，甚至可能会因为试图进入这一行为而遭到起诉。除了非穆斯林的外国人可以进入酒吧外，占巴基斯坦人口5%的"异教徒"（印度教徒、帕尔西人和基督教徒）也可以入内，他们会被要求查看身份证和登记着每月饮酒限额的"许可簿"。通常情况下，每个月他们只能饮用6夸脱蒸馏酒或者20瓶啤酒。

我向他打听2008年的爆炸袭击案。

"没人知道是谁干的。可能是奥萨马·本·拉登。袭击者使用的是黑索金炸药（RDX），先生。"其实，不仅有黑索金，炸药里还含有三硝基甲苯（TNT）和砂浆。

"在这里工作，你会不会感到害怕？"

"不会害怕，先生。"但表情出卖了他。

据说，爆炸袭击案发生当晚，有30位美国海军官员住在万豪酒店，他们即将动身前往阿富汗。另外，还有不少中情局高级官员也在此下榻，具体人数不明。一直在海军信息作战司令部工作的密码学家马修·奥布莱恩特也不幸遇难。我低头看了看舞池地板上闪动的"星星"投影，思索着上一次舞池里到处都是狂欢者是多久以前的事情。酒保言语中带着一丝自豪，告诉我，其实酒吧经常会人满为患，而周一晚上是他们最忙碌的时候。

"可是，"我说道，"现在就是周一晚上。"

他颤抖了一下。"是的，先生。"

"这真的是一周里最热闹的时候吗？"

"没错。"

那一刻，酒吧忽然停电了。酒保点燃了一根诡异的火柴，我们四目相对，整个酒吧漆黑一片。这就是周一晚上伊斯兰堡最热闹的酒吧。酒保脸上挤出一丝听天由命的笑容。

或许现在，每家酒吧都成了潜在的袭击目标。当时爆炸的巨响连几英里外的地方都能听到，没有人知道究竟是谁策划了那次大爆炸，是基地组织吗？还是伊斯兰圣战组织？还是那个被称为伊斯兰敢死队的组织？永远也不会有人知道真相。美国官员声称，他们认为是乌萨姆·齐尼策划了此次爆炸袭击。他是基地组织在巴基斯坦的头目，2009 年 1 月在一次无人机导弹袭击中身亡。

从某种意义上来说，谁是幕后主谋并不重要。20 世纪 60 年代的近代伊斯兰堡，像极了巴基斯坦的巴西利亚[1]，正处在一场殊死的文化战争的断层线之上。袭击万豪酒店的原因有很多，但与酒的联系必然是其中一个。因为这家万豪酒店不仅拥有著名的酒吧，而且还

---

1 巴西将首都从里约热内卢迁至巴西利亚，与巴基斯坦将首都从卡拉奇迁至伊斯兰堡相似。

设有"许可房间"。

所谓"许可房间",实际上是隐藏在高端酒店后面、无任何标记的酒水商店。只要是持有许可簿的顾客,或是符合要求的外国人,都可以悄悄来到这个秘密商店,购买几瓶伏特加和穆里啤酒,带回酒店房间。万豪酒店的"许可房间"在洗衣房的旁边,从正门进来拐角的位置。周围遍布沙袋,还有全副武装的守卫,除非有人明确地给你指了方向,否则你永远都不会发现还有这样一个地方。我在那里买了几瓶苏格兰威士忌,便抱着战利品往主路上走,整个人有点羞愧。巴基斯坦士兵生气地瞪着我,眼神里藏不住讥讽和嘲笑。那种感觉就好像是在盐湖城的沃尔玛超级购物中心买了堆拆封的色情读物一样,让人羞赧不已。

我小口地喝着加了太多冰块的金汤力,看着电视上播放的英剧《东区人》,回忆起过往。巴基斯坦之前并不总是反对饮酒的。1947年,巴基斯坦从印度分裂出去,宣布独立。彼时巴基斯坦仍处在英国的控制之下,因此饮酒是合法的。虽然在巴基斯坦没有任何一本书提到过这件事或流出这样的传言,但依然还有很多人认为备受爱戴的巴基斯坦国父穆罕默德·阿里·真纳(于1948年去世,曾赴英深造法律,被巴基斯坦人民誉为"伟大领袖")一生与酒为伍,直至去世前才戒酒(据说他还食用猪肉)。

从 1947 年到 1977 年，酒水的销售和消费都还算得上自由。当时，为了安抚各地的宗教领袖，时任总理的佐勒菲卡尔·阿里·布托宣布饮酒违法。几个月后，他在穆罕默德·齐亚·哈克将军发动的政变中被迫下野。

齐亚放宽了原先的禁酒令，允许非穆斯林购买酒水，但是针对穆斯林的禁酒令依旧维持不变。一旦违法，将面临 6 个月的有期徒刑。忽然之间，巴基斯坦成了一个无酒可喝的国家。而齐亚全面推行的伊斯兰化，更是让这件事变得板上钉钉。20 世纪 80 年代阿富汗被苏联占领期间，齐亚曾对阿富汗的游击队予以支援和帮助。就这样，在美国的支持下，这位独裁者慢慢地让巴基斯坦从一个实施世俗化的英国普通法的国家，转变成一个奉行伊斯兰教法的国家。他一方面努力推动经济领域大规模的私有化发展，另一方面则着力推行伊斯兰教法，譬如被判定为盗窃罪的罪犯要砍断手足。饮酒合法就这样一去不复返。

事实上，酒通过各种渠道，非法流入了巴基斯坦。这些酒从卡拉奇港流入，其中包括非法酿造和贩卖的伏特加、金酒和苏格兰威士忌，都是些私人住宅和聚会中常见的酒类品种。"非法经销商"遍布各大城市，为富人供应走私运来的烈酒。同亚洲其他地方一样，尊尼获加如同古驰那般备受青睐，成为高质量生活的象征，拥有者津津有味地品尝它，就像我们服用可卡因那样。另一边，穷人们则整日用摩闪酒[1]来打发自己的肚子。

2007年9月，卡拉奇贫民窟中因饮用自制摩闪酒中毒身亡的就有四十多人，成为轰动全国的大事件。这批毒酒的酿造者是一名警察，他也是其中一位受害者。媒体一片扼腕叹息，立法者认为对酒的打压或许与越来越多的年轻人毒品上瘾无关。此后，财政部官员阿里·阿克巴尔·怀恩斯又公开阐述了这一主张。然而一位负责麻醉毒品事宜的议会秘书告知下议院，巴基斯坦目前共有400万人毒品上瘾，议会事务部长谢尔·阿夫甘·尼亚兹亦做出声明："对烈酒的限制，确实造成了致命毒品在巴基斯坦境内的泛滥。"但确切地说，真正的症结在于，酒不只是一种毒品。

它更是西方的象征，是魔鬼撒旦让虔诚信徒泯灭本性的手段；酒与纵欲有关，与男女之情有关，也许有人会说，还与酒吧有关。与穆斯林城市的清真寺或集市不同，酒吧是一处自由自在、无拘无束的公共场所。伊斯兰激进分子的憎恶和畏惧，也并非没有道理。一到酒吧，人们就会将一切束缚都抛诸脑后。

1　摩闪酒（Moonshine）是美国本土酿造的玉米威士忌。独立战争后政府为偿还战争债务，对威士忌征收酒税，不少山民躲入深山，在月光下酿制和蒸馏威士忌，并进行非法销售。

《明镜》周刊 2006 年刊登的一篇文章，一针见血地击中了要害："巴基斯坦这场与宗教激进主义的抗争，其前线并非是在边境的山区，而是在全国各地的'许可房间'，在那些出售酒水、让购买者向往西方世界的地方。"

除了拉瓦尔品第的穆里啤酒厂，巴基斯坦再没有其他地方，可以合法地品尝那恶魔般的蒸馏酒了。多年来，穆里啤酒厂一直是巴基斯坦唯一的啤酒厂。早在 1860 年，英国人就建立了这家啤酒厂，用以生产啤酒，供给驻扎在拉瓦尔品第的军队。穆里位于高海拔山区，冰箱问世前，这里是个理想的地理位置。1910 年前后，制冷技术开始出现。于是，英国人将啤酒厂搬迁至炎热的平原地区。巴基斯坦军队的总部也位于拉瓦尔品第，这是一座不断扩张中的、充斥着激进分子的危险城市。2009 年 12 月，5 位自杀式袭击者闯入巴基斯坦军队所征用的清真寺，并开枪射杀了 37 位退役和现役军官。塔利班声称对此事负责。说得委婉些，拉瓦尔品第并不是个适合酿制啤酒和加香伏特加[1]的地方。

1961 年，班达拉家族买下了这家啤酒厂的大部分股权。就这样，

1 伏特加不需陈年即可饮用。加香伏特加（Flavored vodka）需要经过一道加香工序，才可装瓶。

啤酒厂开始归班达拉家族所有，他们一家子都是帕尔西人。目前这家啤酒厂的老板名叫伊斯法罕亚尔。他的父亲米诺是著名小说家巴普西·西多瓦[1]的兄弟，经营酒厂数十年，颇有声望，2008年不幸去世。巴普西身患小儿麻痹症，创作的《吃乌鸦的人》却很精彩，我在几年前也曾拜读过这本书。

班达拉家族是一个书香世家。我想，正因为是帕尔西人，他们才能经营这样一家啤酒厂，酿制品种繁多的酒饮。而且，除了各式各样的伏特加和金酒，他们还会用麦芽酿造威士忌，生产巴基斯坦最为著名的穆里啤酒。虽然只有5%的人口才能饮用穆里啤酒，但它的标识家喻户晓。"饮用和酿造穆里啤酒！"

伊斯法罕亚尔是典型的勤劳能干的巴基斯坦青年一代，忙得一刻也坐不住，仿佛所有事情都必须雷厉风行地一股脑儿做完，以防出现什么情况时，为时已晚。我是在啤酒厂的办公室里见到伊斯法罕亚尔的。当时，他正坐在一张偌大的办公桌后面，整个人局促不安，手上按着蜂鸣器和铃铛，密切关注着安全监控器里的视频。伊斯法罕亚尔的左右手上各戴了一枚戒指，身上则穿着一件粉色条纹的衬衫，手腕上还佩戴着一块劳力士手表。办公室的墙上赫然挂着

1　巴普西·西多瓦（Bapsi Sidhwa），当代巴基斯坦女作家，曾荣获意大利蒙德罗奖外国作家奖，作品包括《分裂印度》《吃乌鸦的人》《新娘》等。

印有轻骑兵插图的英属印度军团日历。办公桌上，点缀着几张花哨的迷你啤酒杯垫，上面的图案是巴基斯坦当地的野雉，还有一个小摆件，上面写着一行字"不要放弃"。

墙边的立柜里陈列着一排排由穆里啤酒厂出品的酒：奇诺橙味伏特加（Kinoo Orange Vodka）、柑橘和草莓金酒（Citrus and Strawberry Gin）、维特一号威士忌（Vat No. 1 Whisky）、颜色透亮的朗姆酒和各式啤酒。除此之外，穆里啤酒厂还会向穆斯林出售果汁和水果麦芽酒，其中最好的是苹果酒。伊斯法罕亚尔讲着电话，语速飞快，乌尔都语中夹杂着情急之下蹦出来的几个英文单词："最大化""物质奖励""目标"，还有"好好照顾他！"之类的。有时候，他会停一停，把一根除臭棒放在自己的腋窝里，略带紧张地大笑起来。他长得帅气，做起事来又干净利落，但也有几分急躁。

我问了他一个问题，在这样一个伊斯兰极端主义最为猖獗的地方，经营一家啤酒厂，有没有感到困扰，或者更糟糕的情形。

"感到困扰？"他问道。

"好吧，这份事业对你来说有危险吗？"

"我只能说，我们会尽可能地保持低调。我不希望自己的孩子被绑架。"

他按下了另一个蜂鸣器，如同威利·旺卡巧克力工厂[1]里迸发的巨大能量似的。"草莓汁？"他朝着对讲机说道，"运往白沙瓦的？"

他手里转动着一支钢笔，有时会随着下属们进出办公室而分神。我注意到一个奇怪的地方，那就是巴基斯坦的酒厂既不能将酒卖给大部分的民众，又不能出口外销。对于这一点，伊斯法罕亚尔心知肚明。

"我们不能在伏特加的瓶身上标注'巴基斯坦伊斯兰共和国制造'这样的字样。而你和我，还有这个国家的非穆斯林，消费不了多少酒。这是巴基斯坦的讽刺之处。"他露出狡黠的笑容。我们一块喝了杯穆里威士忌，酒的质量出乎意料的好。

"你觉得这酒如何？"他急切地问道。

"好酒，是 21 年的陈酿吗？"

"这是我们最好的酒了。顺便提一句，这款酒在巴基斯坦各地广受欢迎。"

啤酒厂位于一段没有任何路标的高速岔道上一条无名小道的尽头。对于这样一座大型厂房来说，已经是非常不起眼了。啤酒厂的四周有高墙围护，还戍守着荷枪实弹的保安。前总统佩尔韦兹·穆

---

1 威利·旺卡（Willy Wonka）是电影《查理和巧克力工厂》中巧克力工厂的主人。

沙拉夫家的房子就在附近。这里宛若一个城中城，英式的暗红色砖头大多可以追溯至 20 世纪 40 年代，为整栋建筑平添了几分沉稳和优雅。麦芽威士忌酿造装置所散发出的馥郁甜香在空气中弥漫开来。伊斯法罕亚尔带我来到室外，开始反思社会动荡的问题，伊斯兰教严禁饮酒，而他恰恰是最大的酒水供应商。

"穆斯林的态度变得越发强硬了。你瞧，因为酒和西方的生活方式存在联系，所以酒从某种意义上来说就成了一个矛盾的触发点。穆斯林将对西方生活方式的排斥和敌视，全部集中在酒上。他们对酒深恶痛绝，因为它象征着腐败和堕落。而另一面，极端主义者却能够容忍斩首、毒品、海洛因和绑架，他们甚至还种植罂粟花。这可真是一头雾水，太混乱了。难道你不觉得这一切很让人困惑吗？"

"确实是让人摸不着头脑。"

"我不得不说，没有人比我们更加困惑了。"

我随后参观了啤酒厂的酿造和灌装装置。这是一条设备完善的生产线：西澳大利亚博丹酿造装置、中国灌装机器、西班牙标签机，还有摆满拉美橡木桶的酒窖，这些设备即便放在艾拉岛（Islay）或赫雷斯（Jerez）也是毫不违和的[1]。看着穆斯林工人操作着各式机器，

1　艾拉岛位于英国苏格兰西海岸，以生产麦芽威士忌著称。赫雷斯位于西班牙西南部，是著名的雪莉酒产地。

一排排装满维特一号威士忌的酒瓶就这样不住地往外冒，这种感觉还真是奇妙。他们心里到底在想些什么呢？威士忌木桶刷成了白色，一排排地摆放着，其中有些甚至可以追溯至1987年。从木桶旁走过时，带我四处参观的领班提醒我，啤酒厂生产的所有酒都只能供应国内市场。说是自相矛盾，这一点都不夸张。1.6亿人中有5%的人饮酒，不少了。可我心里还是犯嘀咕：就凭这些人，真能将眼前这些木桶里所盛的酒全部喝完吗？

后来，我又去品尝了穆里酒厂正在研制的一批新品伏特加。啤酒厂总经理穆罕默德·贾韦德带领了6名员工，参与此次研发会议。每个人都为新品伏特加一一打分，并将分数写到一张纸上。我也参与其中。部分新品是精酿过的，喝起来带有一丝柔和的"果味"，还透着一股沉稳和庄重。这样的伏特加，难道是专门为这个不苟言笑的民族而研制的吗？贾韦德解释道，虽然啤酒厂最受欢迎的酒是威士忌，但他们目前正在尝试研发新品伏特加。凭借着价格上的相对优势，维特一号威士忌在啤酒厂的总销售额中占据40%。购买一瓶21年陈酿的威士忌，需要花费2500卢比。而巴基斯坦的日最低工资是230卢比。但是，啤酒厂并不能从中赚取足够的利润，尤其是考虑到政府会征收重税，还有酒水只能在"许可房间"出售的现实情况。

"当然了，"他带着调侃的口吻，点头补充道，"大家心里都清楚，非穆斯林会为穆斯林代购酒水，他们的生意已经越做越大了。"

喝完伏特加，醉意阑珊，我踉踉跄跄地穿过院子，去拜访退休将军萨比赫·乌尔·拉赫曼。他的名片上写的头衔是行政长官特别助理。

拉赫曼曾参与巴基斯坦海关部门所开展的一项研究，发现每年被没收的酒水价值高达千万美元，这也意味着巴基斯坦确实存在着倒卖酒水的黑市，而且规模还不小。他告诉我，市场中实际流通的酒水数量很有可能是没收数量的三倍之多。该研究还指出，巴基斯坦黑市所倒卖的酒水，价值在 3000 万美元上下。拉赫曼补充道，非穆斯林将酒倒卖给穆斯林，是造成该现象的一大原因。一瓶尊尼获加黑方，在机场免税店只要 1200 卢比，可放在黑市价格却高达 5000 卢比。

"还有，"他接着往下说，"我敢向你保证，最大的酒吧，在伊斯兰堡富人的家里。那些贩卖私酒的人为买家送货上门，却从来没有受过任何制裁。警察对他们包庇纵容。位高权重的人操纵着一切。"

他回忆起从前的军旅生活。虽然拉赫曼无法确定当时军队里那些"可以喝酒的俱乐部"是否还在，但那个年代是有的。不论从什么方面来讲，拉赫曼都很肯定巴基斯坦有不少酒，即便没有人承认。

"尽管官方统计的酒水消费量不断下降，但在我看来，人们喝的酒反倒是更多了。巴基斯坦本身并不存在什么酗酒文化。对我们来说，酒是充满魅力的。也正因为是禁果，所以才如此诱人。人类的本性如此。顺便说一句，你要不要尝尝我们的凤梨味伏特加？"

言辞之间拉赫曼流露出遗憾之情，遗憾无法将酒出口至西方国家。

"在你走之前，我要送你一瓶我们的威士忌，还有一些其他的酒。如果你有机会被邀请参加非穆斯林的派对，一定要带上它哦。"

"这么做不算违法吗？"

他轻轻地摇了摇头，闪烁其词。

"啊，不违法吧……我说不上来。"

他的脸上挂着笑容，又摇了摇头。在驱车开回伊斯兰堡 F6 街区的路上，我把他们送我的啤酒、草莓味金酒和金卡纳（Gymkhana）混合麦芽威士忌统统拿了出来，瞧了瞧瓶身上漂亮的标签。虽然从严格意义上来说，我并没有做什么违法乱纪的事情，可我还是感觉自己像是海洛因走私犯。那天晚上，我独自待在房间里喝酒，坐在露台上，满是乌鸦，耳边回响着清真寺宣礼吏在黑暗中争相呼唤信徒祷告的声音。有点像在酒吧独自喝酒，却又无人倾诉的感觉。

我尝了尝草莓味的金酒。本以为胃会不大适应这样奇怪的味道，可没想到喝下肚,居然还挺舒畅的,这是酿酒师费了一番功夫才酿制出来的好酒,他们太清楚酒的魅力所在。放在其他地方,我是断然不会喝这样的酒。可在当时那个情况下,草莓味金酒已经算得上是极致美酒了。我躺在那张斯巴达式的简陋小床上,空荡荡的街道上回响着对真主安拉的呼唤。我感到有一股难以捉摸的醉意蔓延到指端和鼻尖。这是一瓶巴基斯坦出产的果味金酒。还有什么比它更让人兴奋的呢?

一周后,朋友为我弄到了一张私人派对的邀请函,离我在 F6 区的住址不远。我决定带上那瓶金卡纳当作礼物,还特地小心翼翼地用纸袋子把酒瓶给包了起来。伊斯兰堡的住宅,多以低矮的平顶白色别墅为主,周围是高墙和花园。举办派对的主人家很富有,也住在这样的一栋房子里,同样要求不透露姓名。紧闭的大门和那一扇扇百叶窗里面,是各式各样的伊斯兰艺术品,路易十五风格的座椅,雕花玻璃烟灰缸,皮质坐垫,还有精美的克什米尔地毯。来参加派对的人大多上了年纪。他们穿着设得兰毛衣[1]和定制衬衫,有生意人,也有做进出口贸易的,身旁的妻子们完美得无可挑剔。前厅

1　设得兰毛衣(Shetland sweater)由多种颜色的毛线配色编织而成,具有典型的北欧风格。

的尽头，有一个小小的吧台，旁边站着一位系着蝴蝶领结的服务生。他正一杯杯地倒着尊尼获加黑方和进口白兰地。大门紧闭，彼此知根知底，男人们坐在凡尔赛风格的椅子上，小口小口地品着酒。

朋友让我同身边的人聊聊前一天的穆里之旅。我告诉他们，自己驱车两小时从伊斯兰堡一路开到古老的英式山城穆里。150年前，穆里啤酒厂就是发源于此。我参观了啤酒厂的旧址，还去看了那座古色古香的维多利亚时代的教堂。如今，这座英式教堂已经被废弃了，四周都遍布着铁丝网。最后一站，我去了五洲明珠大酒店，在那里吃了一顿不一样的午餐，白雪皑皑的克什米尔山尽收眼底。

"那家酒吧还在吗？"他们问道。

我回答道，这就要看你们是怎么理解和定义酒吧的了。在那家大酒店享用完午餐后，我向酒店员工询问酒吧的位置。这已经是熟悉的套路了。他们告诉我，酒吧就在餐厅外一楼游泳池的旁边。我找了过去，摸索了整整半个小时，终于发现了一处看起来像是储藏间的地方。它的门很隐蔽，上面没有任何标记，还有一扇玻璃窗户。我敲了敲门。不一会儿，一张惊慌失措的脸出现在了玻璃窗的里面。我们互相比画着手势：我做了把玻璃杯放到嘴边的动作，他呢，晃动着手指，非常不情愿。我们就这样演了几分钟的哑剧。最后的结果是，我没有喝到酒。

"啊，"他们说着，摇了摇头，"我们很高兴五洲明珠大酒店的酒吧还在！"

说得好像文明还没栽在嘛哒人手上似的，不明白他们葫芦里卖的什么药。我打开自己带来的金卡纳威士忌，提出与其喝常见的尊尼获加黑方，倒不如品尝一下本土自产的酒。这个提议获得了宾客的一致赞同。

我们把酒倒了出来。虽说金卡纳并不是穆里出产的顶级威士忌，但这款酒的质量还算上乘。我注意到，每个人都若有所思地舔了舔自己的嘴唇，然后低下头盯着酒杯看了一会儿。难道他们对这款酒非常熟悉？以至于每瓶都要细细品味，来找出与上一瓶的细微差距吗？有人在激光唱片机上播放拉比·舍吉尔（旁遮普的电子流行乐歌手）的歌曲。很快，房间里半数的人都开始跳起舞来，他们中有一部分人把手中盛着金卡纳威士忌的酒杯举得高高的，另一只手牵着女伴由着她们转圈。我一下子就听出了这首曲子。它曾经在印度红极一时，是一首非常好听的电子乐曲，由 18 世纪旁遮普诗人布拉（Bulleh Shah）创作的苏菲派神秘主义诗歌改编而来。布拉安息于巴基斯坦，他曾在诗中写道，自己"并非清真寺里虔诚的信徒"，不是印度教徒，也不是穆斯林，更不是拜火教徒，他对自己的身份一无所知。舍吉尔的这首抒情乐曲《布拉，我到底是谁》[1]，带来了苏菲派教义中对和平与容忍的呼唤，它合着全球流行舞曲的节奏，此刻萦绕着我们。

"它提醒我们，"一位女士说道，"巴基斯坦曾经拥有印度教文化、佛教文化和苏菲派文化，而所有这些文化都在我们的身上留下了痕迹。"

苏菲派教徒可以饮酒吗？在布拉生活的年代，葡萄酒有没有从那些干枯的山丘上流淌而过？这些都不得而知。但此时此刻，酒在派对的每个人中间静静地流淌着，赋予所有人以生机与活力。一个男人摇摇晃晃地走到我面前，往沙发上一倒。很明显，他有点喝醉了，并且很享受这种醉醺醺的感觉。从他嘴里冒出来的话，放到以后，也许抵死也不承认。

"这个国家真是无药可救啊，"他用简单的英语说道，牢牢地盯着我的眼睛，挤出一丝微笑，"迟早是一帮宗教人士掌权。我们完了，前功尽弃。"

我低头看了看，发现咖啡桌上的酒早已被喝个精光。酒保此刻

1　布拉（Bulleh Shah, 1680-1757），是莫卧儿王朝时期的旁遮普伊斯兰哲学家和苏菲派诗人。他的诗歌《布拉，我到底是谁》（Bulla Ki Jana）展现了对自我价值和身份的探索和追寻，另一部诗作《我的爱人已经回来》也曾被改编为抒情乐曲。

正在调制有盐边的玛格丽塔酒[1]，至少在我看来是这样。午夜12点早就过去了。大家忘记《古兰经》，或者说我们对它进行了重新解读。我从歌词中选出了些奇怪的字眼，而它们归根结底是由一位否认正统宗教的穆斯林所写。那个悲观厌世的男人在我身旁已呼呼大睡。似乎是那些歌词让宾客们扭动起来，随着拉比·舍吉尔歌曲的旋律起舞：

我不念吠陀经[2]，

不吸鸦片，也不喝酒

不撒酒疯，

没有清醒的头脑，也没有昏昏欲睡

布拉！我不知道自己到底是谁。

1　玛格丽塔酒（Margarita）由龙舌兰酒、橙酒及青柠汁等调制而成，杯边有时会沾着一层盐或糖，即围上盐边（salted rim）或糖边，目的是实现鸡尾酒整体的协调性。

2　吠陀经（Veda）是印度最古老的文献材料和文体形式，主要文体是赞美诗、祈祷文和咒语。

11
生命中
形形色色的酒吧

—

Bars

in

a

Man's

Life

人就像需要氧气一样需要酒吧，
那是打发旅途单调和孤独的圣地。

英语中最早使用酒吧这个词，是在 1591 年罗伯特·格林[1]创作的戏剧《鉴戒邪恶》（*A Notable Discovery of Coosnage*）当中。格林是英国历史上第一位职业作家，其短暂的一生曾因批判和攻击威廉·莎士比亚而闻名。那么是他创造了"酒吧"这个词吗？维多利亚时代的人表示不赞同，真正的酒吧是他们创造的。他们说，是伊桑巴德·金德姆·布鲁内尔[2]为了服务斯温顿火车站新线路的乘客而创立了酒吧，或者是伦敦帕丁车站附近的大西部酒店开出的第一家酒吧。可无论从什么角度来讲，酒吧都起源于英国。

格林属于大学才子派，放荡不羁，酗酒成性。让他出名的，除了那撮尖尖的红胡子，还有因一顿莱茵酒和腌渍鲱鱼而丧命的事。他认为对于莎士比亚的可笑批判完全正确。格林娶了一位名叫多尔

1　罗伯特·格林（Robert Greene，1558－1592），英国伊丽莎白时代剧作家，以批评莎士比亚闻名。
2　伊桑巴德·金德姆·布鲁内尔（Isambard Kingdom Brunel，1806-1859），英国工程师，主持修建了包括大西部铁路在内的大量公共设施，推动了公共交通、现代工程等领域的发展。

的富家女，花光了她所有的钱财。他活在那些以描画伦敦丑恶面为乐的低俗小册子里，去世时是个负债累累的浪荡子。有一幅寓言画的内容，就是格林穿着寿衣像个人形萝卜似的坐在写字台前。

在伊丽莎白时代的伦敦，格林以《骗术手册》（*Coney-Catching*）而闻名。他将回忆录稍加修饰编成小说，反之亦然，讲的都是那些浪子和骗子如何对上流社会进行诈骗，以满足行恶癖好。"酒吧"一词就是在这样的背景下诞生的。它是一种全新的社交空间，受到像格林这样的新社会阶层的追捧。在这里，欺骗、痛饮狂欢、不合群、吹嘘、嫖娼乃至一个人安静地待着，都是可以的。这同时也是在自由社会里开展非正当营生的地方。

据说，福斯塔夫[1]就是以格林为原型创作的。在遗作《万千悔恨换一智》（*A Groat's-Worth of Wit*）中，格林谈到自己是这么说的："毫无节制的饮酒，已经让这个人变得浮肿，并成为骨子里肆虐的污秽欲望最生动形象的表征。"

我坐在布鲁克林的蒙特罗酒吧，这家在我曾经生活过了十多年的地方的酒吧里，想到了34岁因腌渍鲱鱼而英年早逝的格林。他创造了"酒吧"一词，而此时此刻的我就身处酒吧，或者说我喜欢朝

1　福斯塔夫：莎士比亚历史剧《亨利四世》中的重要配角。他喜欢撒谎和吹牛，靠着拍马屁和逗乐来混日子。

着这个方面去想。我也和他一样浮肿。

向前延伸至东河的亚特兰大大道，曾是码头工人经常出没的地方。蒙特罗酒吧是那个时代留存下来的最后一处遗迹。那个曾经粗放狂野的纽约一去不复返，留给后来人的是众多黑暗料理，还有应接不暇的艰难困苦。刚来纽约的头几年，日子很难过，我穷困潦倒，面临危机。但即便是那段冰冷痛苦的岁月，我也常常光顾蒙特罗酒吧。如今我有点发福，身上还有一张可以消费的信用卡，但无论何时走进酒吧的那扇大门，我还是会有那么一点惊慌失措，为自己曾经将大把时间浪费在品尝不同种类的龙舌兰和当地酒饮上而遗憾不已。那些只存在于我潜意识中的人物如今已全都离世，而我这个头脑清醒的英国流浪者本该也走上同样的道路。

人需要酒吧，就像人离不开氧气或是衬衫。蒙特罗酒价便宜，却是个是非之地。只要 3 美元，他们就会为你调制一杯伏特加樱桃炸弹鸡尾酒[1]。毫无疑问，酒吧还和过去一样，一点没变。标牌是用红色霓虹灯做的，挂在酒吧大门的上方，看起来像是推销廉价丧礼的铺面。蒙特罗全天营业，这才是酒吧该有的样子。之前，蒙特罗

1　伏特加樱桃炸弹鸡尾酒（Vodka cherry bomb）以伏特加为基酒、加入樱桃汁等配料调制而成。

是花里胡哨的酒吧，如同一位西班牙女士杂乱无章的闺房。酒吧里的女人个个都是名副其实的荡妇，如今她们已在纽约销声匿迹。而这都要归功于警方的严肃整改，是他们让街区对于主妇和吉娃娃[1]而言变得更加安全，从而大大提升了我们的生活质量。

吧台上有一个铃铛，上面写着"召唤快乐"的字样。但我从来不去按。透过珠帘，朝楼下的房间望去，那里有几张台球桌，常常会有人打架斗殴。一打起架来，那别提有多逗了。男人之间总是为了女人和婚外恋而发生口角，然后一路打到台球桌下，最后以一个没穿裤子的男人笨拙地挥舞着利刃而告终。在蒙特罗打架就是这么种风格，也从来没有报过警。据说，过去酒吧的楼上有一家妓院。

自从我搬到州府街，蒙特罗就成了我常去的酒吧。那个时候，这片街区物价低，暴力横行，正是宝拉·福克斯[2]《绝望的性格》（*Desperate Characters*）笔下布鲁克林的写照。凌晨 3 点的蒙特罗依旧开门营业，酒吧里坐着的客人一动不动，嘴巴张得老大。在酒吧，海洛因也能轻易地买到。

1　吉娃娃（Chihuahua）属小型犬种，原产自美洲，是最古老的犬种之一，分为长毛和短毛两种。
2　宝拉·福克斯（Paula Fox, 1923-2017），美国儿童文学作家，1978 年获安徒生奖。

即使是在酒吧，也弥漫着那种剑拔弩张的氛围。在这里，室内装潢起到了推波助澜的作用。除了快速帆船和纵帆船的摆件、壁架上的六分仪[1]和收款机上插着的几面中美洲旗帜以外，酒吧里还挂着一张相片，是一位柔术演员在巴黎街头上的表演，身旁围绕着一群小号手。天花板上垂挂下一架架 B52 轰炸机的迷你模型，墙上贴着斗牛士托洛斯·萨达和马诺来特的海报，还有从 1937 年至 1973 年任全国海员工会主席的约瑟夫·柯伦的一系列照片。如此的装潢和布置，无不为之后的酩酊大醉埋下伏笔。

在那里，我见到了让人毛骨悚然的人体标本。男人泡在索查[2]和腌黄瓜汁里，眼珠泛黄。女人则浸在某种不清楚的液体中，双眼怒睁，散发出一股樱桃味，脖颈里的血管如同航海结似的一段一段。

我发现，有些酒徒对身边的一切视若无睹。他们喝着仙山露[3]，抽着雪茄，在酒吧里一动不动地坐着，像傻瓜似的只当什么也看不见，夜复一夜地憔悴下去，嘴里嚼着食物，透过贴胶带的玻璃看着千篇一律的棒球比赛。每一次去，他们都在那里，仿佛从来没有挪

1　六分仪（Sextant），用来测量某一时刻太阳与海平线的夹角，以计算所在位置的经纬度。

2　索查（Sauza）是墨西哥酒水品牌，产品包括金、银龙舌兰和威士忌等。

3　仙山露（Cinzano）是意大利酒水品牌，产品包括味美思、甜味起泡酒和干白起泡酒等。

动过位置，不眠不休。那段时间，每一晚我都会梦到自己走在非洲郊区舍默霍恩，疲惫不堪地从一块块写着"清洁你的血液"字样的路牌旁走过，还经过覆盖着腐烂常春藤的房屋，柏高壁画以及储存着扇贝石头的开拓者仓库。那里没有亚特兰大中心，只有古老的寺庙广场，广场的四周分布着换汇站和宝石典当铺，半空中悬浮着几个若隐若现的字，拼读出来是廷纳斯日用品和加斯瓦特炉灶这样的内容。这是没有经过浸礼会信徒美化的地狱一隅。

我记得蒙特罗酒吧的一切。它的隔壁是一家专门出售烤箱和煤气表的商店，叫迪克森。旁边还有一个腹膜透析中心。酒吧的橱窗里放着一本残疾军人证。约瑟夫·蒙特罗曾一度是海洋广场俱乐部的主席。可如今，那段时光早已被人们忘却，尘封为过往。照片里有来自休斯顿号和罗伯特·爱德华·李号等舰艇的救生员，还有一张州府街年代久远的娱乐码头的相片。在帕克威医院1951年晚宴舞会的那些镜头中，每一位女士都是那么的优雅迷人，如今有没有发生变化？除此之外，酒吧里还有不少照片是关于西班牙的，有蝴蝶帆船，有弗拉门戈舞裙，还有皮拉尔·蒙特罗手拿响板[1]起舞的相片，以及下面这则广告，广告中提到的活动早已被人们遗忘：

---

1 响板（Castanet）是西班牙民间碰奏体鸣乐器，以贝壳状的两块乌木碰击发音，用于歌舞伴奏。

> 精美绝伦的歌舞盛宴，
>
> 皮拉尔·蒙特罗
>
> 将献上令人震撼的舞蹈表演，
>
> 伦巴，方丹戈，更有两支管弦乐队现场伴奏！

杯中的杜林标酒[1]慢慢见底，所有这一切都在我的脑海中浮现出来，双脚开始变得冰冷。我喜欢装满海螺壳的渔网，也喜欢老式木制公用电话亭。酒吧的墙上挂着羚羊角、积灰的宽檐帽和老式潜水头盔，旁边的小相片里是一条贡多拉船在威尼斯运河的河道上摇曳生姿。也许有人会说，这些和蒙特罗酒吧的很多其他物件一样，仿佛都停滞在了20世纪50年代的时空隧道里止步不前。这个酒吧里保留了那些普通人所拥有的点滴回忆。

记忆中常常浮现的，往往是自己曾经生活过并且挣扎在生死线上的那几个城市，而永远不会是那些与幸福和成功挂钩的地方。漫步在其他城市的街头，几条街的工夫，我就会感到温暖和满足，渴

1　杜林标酒（Drambuie）是以威士忌为基酒、用蜂蜜增甜的利口酒，有苏格兰威士忌的烟熏味。

望再重新活一次。但如果，打个比方，我走在纽约的第三大道上，那么苦闷和不自在就会一直笼罩着我。我忽然想说一段荒唐的往事：很久以前某个冬天的午后，我走进第三大道上的一家奶酪店，偷了一大块斯提尔顿奶酪。如今这家店已成为美食店的先驱，风靡纽约，而当时它只是一家新开张的店铺。

那时我身上只剩下5美元，没有信用卡，家人又不在身边，也没有朋友愿意继续借钱给我。我走进奶酪店，心想偷一块7磅重的斯提尔顿奶酪最好的办法，就是厚着脸皮地走进去，拿起奶酪就离开。这招果然奏效。我把它带回了位于邦德街的家中，用一把茶匙将奶酪分成几等分，供四天的量。那天我是神志清醒的吗？

虽然朋友们不愿意借钱给我买吃的，但是他们常常会请我去酒吧喝酒。对他们而言，饮酒算是娱乐和消遣。不论从什么角度来说，他们都无法相信一个才华横溢、住在世界上最富有城市之一的成年人居然会饥肠辘辘，食不果腹，连一盒鸡蛋都买不起。对他们来说，这实在是太过稀奇，让人难以置信，以至于好奇地想要了解事情的来龙去脉。"过来，"他们会这么说道，"喝一杯15美元的鸡尾酒，然后告诉我为什么你会买不起比萨。这当中一定有故事。"

但其实，我并没有什么故事可讲。孤身一人生活在异国他乡，艰难度日，日子一天过得不如一天。而且过不了多久，这个人就能切身地体会到酒徒的心情，因为当其顺着社会阶梯一步一步往下走的时候，所有中产阶级的朋友目光中都带着怀疑、不信任乃至半消遣式的警觉。"绝不可能发生这种事。"朋友们说。他们还是选择相信自己。可事实是，这样的事情常常发生。只要你踩空一阶，脚下的梯子就会立刻消失不见。

还是同样一些朋友，之后会带着如释重负的口吻，试图将很多事情厘清。他们对我说："好吧，当然，我们知道你喝醉了。"这是他们为了掩饰当时内心的怀疑而找的借口。他们想通过这样的方式，为我指出一种可能，以更好地理解眼前这一团糟的生活。我还记得昆廷·克里斯普。他之前住在第二街的街角附近，偶尔会来我的住处小坐喝茶。他戴着那顶陈旧的丝绒礼帽，颇有几分威严地说道："若是所有人都得偿所愿，那我们大家都岂不是都得饿死了。"

这番话出自一位同样清贫却活得比我更优雅人的口中，似乎更能抚慰人心。一个人总要为自己的失败负责。所谓的趣闻逸事毫无意义可言。

时至今日，回想起这段过往，我还是会不由自主地扪心自问，当初是不是真的喝醉了，却怎么也回忆不起来，或许是我自己不愿意去重拾这段回忆吧。说不定只是耍了场酒疯而已。

1995年的冬天，我住在一个作家庄园里。庄园的位置在佛蒙特州的一座小村落里，叫东多塞特。我再次花光了身上的钱，而村庄里唯一的杂货店又无法使用信用卡。这样一来，我只得趁着夜色铤而走险，拿着扫帚柄，打落屋子附近果园树上的苹果。房子里除了我之外，还住着5位女同性恋作家。我从她们那儿连块饼干都要不到。那段时间，我每天晚上都大口地啃着苹果，直到后来苹果树上的果实日渐稀疏，才引起了人们的注意。流言开始在东多塞特的300名村民中传播开去。有人在偷苹果。公民们！拿起武器来！

我不是那种饿死鬼，会疯狂到每天凌晨制作苹果奶酥、苹果挞和苹果派，让整栋房子闻起来像个苹果仓库似的。但我肯定手里拿着一瓶伏特加。为了买这瓶酒，我掏空了身上仅剩的20美元。漫步在月光下的乡间小径上，我嘴里哼着小曲，冲着狗发火，脚上穿着一双已经开胶的鞋子，身上披着旧大衣，头上戴着一顶毛皮帽子。但有酒为伴，我是真真切切地活着的。不过最后，我还是被下了逐客令。一位老太太目睹了我在夜里打落她家苹果的一幕。在寻求灵感的一群作家中，这是不允许的。

再往后，那年冬天就过得更加窘迫和拮据了。感恩节那天，我搭上一辆开往奥尔巴尼（Albany）的公共汽车，车上就只有我一名乘客。暴风雪中，我到达了奥尔巴尼公交站，等车时顺便吃了6.99美元的感恩节晚餐，结账时掏出的全都是25美分的硬币，引来了旁边非裔美国人的一阵哄笑。夜幕降临，我来到猎人山附近一处山丘顶端的滑雪小屋，在那儿照看房子。这栋房子是由 4 位来自皇后区的奥尔巴尼人租下的，也是他们雇的我。他们租了一整个冬天，以便周末时来此滑雪度假。

当降落伞失灵坠落时，一个人能在多大程度上承受速度所带来的刺激呢？没过几天，木屋就被大雪给封住了。不过有辆自行车，可以骑去猎人山。在那里有一家店，孤零零地开着，一直营业到太阳落山的时候。有一天，我骑车去了那家店，并在那里买了半瓶厨用白兰地和一些烘豆，然后试着骑回寒冷的山上。

等到天色暗下来时，我已经把自行车，还有那几罐烘豆统统扔在路边，自顾自回家了，还是后来住在山路附近的一户人家发现并送还给我。（"它们躺在结冰的河里，"那家的母亲说道，"看起来毫无生气。"）屋子里除了麦片和炼乳，什么也没有。但白兰地的加入，成就了一顿美餐。到了晚上 10 点，山顶上又灭了 5 盏路灯，孤独灵魂的漫漫黑夜就这样开始了。我裹着毛衣和毯子，独自坐在屋子里，有一杯酒，还有大把的时间。那一刻，我很茫然，不明白自己究竟为什么要来这个地方。

与酒有关的文学创作，总是不得不承认它所产生的深远而又不可估量的影响，但从来不会将救赎和忏悔之情传递给读者。酒带来的往往只有空虚和单调，还有连续几周甚至几个月的萎靡不振。某个繁星闪闪的冬夜，一位上了年纪的建筑设计师的出现，将我从那间木屋中拯救出来。木屋的这块地是他的。他自己住的是那栋漂亮房子，其实就在木屋的旁边。因为到目前为止都没怎么亮过灯，所以不太起眼。他立刻向我发出邀请，让我去他家共进晚餐，还说了一连串"亲爱的伙计"的话。衣衫褴褛的我，踉跄着来到他家门口，活脱脱一个中世纪的乞丐。

抚慰人心的从来不是童话。他站在教堂般的彩色玻璃窗前，身旁伏着一条小狗。窗外，远处雪白的岩石间，有一道瀑布奔流而下。餐桌是两人位的，上面放着一支高高的蜡烛和一瓶勃艮第葡萄酒[1]。享用如此美酒美味，会不会为此而付出代价呢？

"亲爱的伙计，"他一见到我便大声喊道，"一切就绪。詹姆斯正在为我们制作烤羊肉配蒸粗麦粉[2]。快坐下来。我有一瓶香迩葡萄酒（Charmes）。一起来放松下好吗？你身上那件外套看起来糟糕透了，我们给你找一件好点的换上，然后再把你的头发梳一梳。头发看起

1　勃艮第葡萄酒（Burgundy）是产自法国勃艮第产区的葡萄酒的统称，被誉为"法国葡萄酒之王"。
2　蒸粗麦粉（Couscous）是由杜兰小麦磨碎后多次蒸软而形成的金黄色米粒状粗麦制品。

来不错，但都缠在了一起。哎呀，你简直就是一个野人嘛。"

我回想起纽约的其他酒吧。只要身上有几美元的闲钱，我就会上那里打发大把的时间，别人买单的话就去瑞吉酒店，其他时候走一大段路去红钩区[1]的酒吧喝酒。自由高度酒吧坐落于科菲街附近，房子的颜色是氧化后的紫红色，就像柬埔寨公路那样。去到陌生的城市，躺在陌生的床上，我时常会梦见那家酒吧，怀念那些指尖无法触及的东西。酒吧是我的第二个家，如同一个避风港湾。

"酒吧，"正如路易斯·布努艾尔[2]曾经写下的那样，"是一场独处的历练。最重要的是，酒吧必须是安静的，昏暗的，能让人放松自在的地方。而且不会放任何音乐，与如今的风格不一样。总之，酒吧里最多只能放12张桌子，客人还必须是沉默寡言的那一类。"

我究竟在酒吧消磨了多少时光呢？数年，乃至数十年。回忆酒吧，如同回忆起一张张熟悉的面庞。我去过上百家酒吧，但只有几家对我而言印象深刻。

伦敦的公爵酒店有一家酒吧，那里的服务生会在你的扶手椅旁，从推车里取出酒水为你调制干马提尼。我还常常会去圣詹姆士

1　红钩区（Red Hook）是纽约市布鲁克林区的一个街区。

2　路易斯·布努艾尔（Luis Buñuel, 1900-1983），西班牙著名电影导演，代表作有《资产阶级的审慎魅力》《维莉蒂安娜》《白日美人》等。

大酒店，之后走出来，穿过街道来到格林公园，然后往草坪上一躺。回想起曾经在内罗毕梅费尔赌场与蒙巴顿将军的侄子迈克尔·坎宁安·里德进行的史诗般对话，那是一个漫长而恼人的冬天，我当时正在报道他朋友汤姆·乔姆利卷入的一场谋杀案的审判。我们喝了不加冰块的金汤力，卧倒在楼上的酒吧里，抬眼注视着绘有骆驼和牧民的壁画。酒吧的装饰中带有一丝殖民主义风格。这是一个泡在酒缸子里的帝国，我们的谈话开始变得语无伦次，其间夹杂着"连血气方刚的人也不再饮酒了"的嗟叹，以及探讨哪家酒吧能超越内罗毕的穆海咖乡村俱乐部，或是柬埔寨金边的那家刷着白墙，配备大电风扇并供应迪凯堡酒[1]的希望之锚酒吧。

这些酒吧分布于世界各地，是打发旅途单调和孤独戒律的圣地。它们的轻松和便利，只会让人想起那些因没有酒陪伴而生活窘迫的痛苦时日。比如，在猎人山度过的那个冬天，当那位乐善好施的建筑师去法国南部度假过冬，连同那份慷慨和大方也一并带走的时候，还有当我再也不能每隔一晚通过装傻扮蠢来换取一瓶香波慕斯尼香迩一级园葡萄酒[2]的时候，我又再次陷入了当时去第三大道奶酪店行

1　迪凯堡酒（Dekuyper）产自荷兰，有300多年的历史，1995年被荷兰女王授予"皇家酒厂"的荣誉称号。
2　香波慕斯尼香迩一级园葡萄酒（Chambolle-Musigny Les Charmes），产自勃艮第产区三大名村之一香波慕斯尼村的一级园香迩园。

窃之前所面临的那种失落和沮丧中。

有天晚上，雪花开始飘落，房间里又忽然停了电，我心想，只要留下一张借据，恩人应该就不大会介意我从他的酒窖里拿瓶酒。他一定会给予宽容和谅解的。于是，我将想法付诸行动，在漆黑的夜色和纷乱的雪花中一路摸到他家的后门。门的下面有个猫洞。我把整只手臂都伸进那个小洞里，这样一来就可以从里面打开厨房的门，并且进入房子。一切都进行得非常顺利。

很少有人能够明白在夜晚做一个贼偷偷潜入他人家中，在黑暗中游走，穿行在井井有条的陈设和日常杂物之间，到底是怎样的一种感觉。总之，它让我觉得自己猥琐又下流。不过我对偷窥他人的隐私并不感兴趣，所以直接往地下室的酒窖走去，那里有一列冰柜。不费吹灰之力，我就找到了放葡萄酒的酒架，拿出一瓶酒来，总共拿了两瓶香波慕斯尼香迩葡萄酒。这些酒加起来价值几百美元。反正我会留下字据的。从地下室走出来经过冰柜的时候，我心里在想，既然已经欠了几百美元，这笔钱我现在拿不出来，可能也永远还不上，那不如顺便再拿只冷冻火鸡好了。想喝酒也不能忘了填饱肚子。

冰柜里的火鸡是我生平见过的最大的火鸡。一只的话，手里还勉强能拿得下。于是，我摇晃着走回楼上，怀里揣着两瓶酒，还有那只总是从我手臂上滑落的冷冻大火鸡。我回到暴风雪中，穿过浓重的夜色，喜滋滋地一路跑回自己简陋的小屋。可以这么说，这是我最有成就感的一次，毫无羞耻和道德准则可言。然而，当我偷偷摸摸地穿过那一大片冰天雪地的时候，建筑师家的安防系统忽然之间响了起来。安装在屋顶上的几盏弧光灯一下子亮了，警报声响彻山顶。四道光束聚焦在我的身上，暴露在灯光之下的我愣在原地。

建筑师曾告诉我，他家的安防系统是直通猎人山警局的。为了能喝上一杯酒，我这个无酒不欢的人，抱着冷冻火鸡，还有两瓶香波慕斯尼香迩葡萄酒，藏在简陋的小屋里头。我手里挥舞着一把用来伐木的斧头，将火鸡砍成四大块，浑身上下都被汗水浸湿。那几个奥尔巴尼人在这把斧头上做了标注，说是专门用来对付熊的。有那么一瞬间，我瞥见了客厅墙上镜子中的自己：袒露着胸膛，汗流浃背，手里挥舞着斧头，周围都是被切成块的冷冻火鸡。

"是时候该振作起来了，你这条可怜虫！"我冲自己吼道。

一切又回归宁静，警察却迟迟没有现身。我打开了第一瓶，就着一只汤碗喝起酒来。这是一瓶1995年的窖藏。"酒香慢慢地升腾萦绕"，我在借据中写道，"这个年过得可真不错，老朋友。"后来我把这张字条放在了他家门垫的下面。

12
内战期间喝一杯

Getting
a Drink
in a
Civil
War

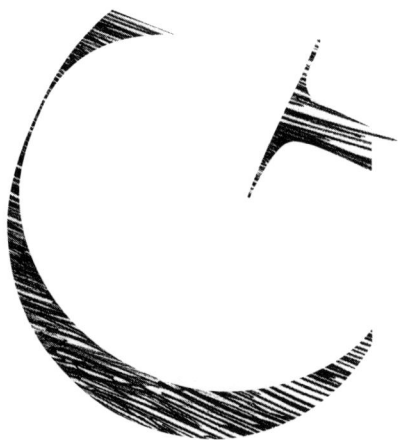

当吉兰丹州的马来人想要从束缚中短暂逃离时，他们会选择泰国的双溪哥乐。

全球每人每年纯酒精的消费量为 6 升。世界上最能喝酒的，据我所知，非摩尔多瓦人（Moldovan）莫属，人均年消费量高达 18 升。捷克人排第二，人均年消费 16 升。摩尔多瓦人永远一副醉态，按理说早该喝死了。事实上，北半球欧亚大陆上所有的国家人均年消费量都超过了 12 升，那么按照各类专业健康机构的报告，这些人都是没办法活到现在的。巴尔干人的酒量不如芬兰人，德国人、法国人比意大利人、西班牙人更能喝。在俄罗斯，有五分之一的男性死于酗酒。世界范围内，每年有 250 万人因酗酒而死亡。如今，酗酒已被列为一种"疾病"，和癌症、狂犬病一样。当酒瘾在体内肆虐时，患者会感到万分痛苦和无助；而酗酒还会通过基因一代代地遗传下去。

　　除了对肝脏有损害，酗酒问题还有许多医学统计学[1] 所覆盖不到的地方。比如，对于快乐的向往，渴望摆脱如影随形的孤独感。比

1　医学统计学（Medical statistics）是运用概率论与数理统计的原理及方法，结合医学实际，研究数学资料的搜集、整理分析与推断的一门学科。

如，超越自我。再比如，不幸来自世俗和庸碌，来自平淡无奇的生活，可到头来，没有意外和悬念的话，终将步入老年并迈向死亡。因此，从自我跳脱出去的做法，是合乎情理的，这就像是取下了面具，然后丢在身后那样简单自然。

酒徒并没有游离于正常生活之外，因为摆脱平凡、远离庸碌本就是他心之所向。人们笃信俗世是这世间的一切。酒徒便是这愚蠢想法所造就的，像极了费里尼电影《阿玛柯德》（Amarcord）里的疯叔叔。疯叔叔在精神病院里住了很多年，有一天他爬上一棵树，怎么也不肯下来，拍打着胸脯大喊："我需要一个女人！"

然而，在孤独和沮丧中煎熬，他终究还是会爬下树来。因为大地在召唤着他。

泰国合艾市（Hat Yai）的粉红女士酒店11楼的层站[1]处，站着7个马来西亚男游客。他们站在那些被丢弃的托酒盘当中，懒散地低下头，注视着脚上油光锃亮的皮鞋。层站附近到处都是伏特加空酒瓶。客房的门上钉着白色的徽章，上面绘有泰国国王普密蓬·阿杜德的小幅肖像画。这群马来西亚游客耐心地等待着电梯，准备前往楼下的休闲俱乐部。

1　层站（Landing）是电梯各楼层出入轿厢的地点。

透过围着铁丝网的窗户向外望去，能看到合艾的夜景：生锈的铁皮屋顶，一座座仓库，还有墙上布满青苔的破败清真寺的一隅。这几位马来西亚游客相互打赌，他们讨论着粉红女士酒店酒吧里黑方威士忌的价格，仿佛酒水比姑娘们还要来的金贵。在这个酒吧，只要花上大约30美元，就能找到一群姑娘作陪。走进酒店大堂时，我问了他们一个问题：他们到这里来的目的，究竟是为了一醉方休呢，还是为了酒吧里的泰国姑娘。他们沉着脸回答说都有，为什么非要在这两者当中做出取舍呢？

粉红女士酒店的大堂并不缺什么宗教氛围：落地式大摆钟，绘有湖中圣坛的神秘画作，几尊带有光环的佛像，还有不少圣人的壁画式照片。大堂里开着一家出售护身符的商店，旁边是两家歌厅，女服务生从我们身旁鱼贯而过，手里端着放有龙舌兰和冰桶的托盘。对于穆斯林而言，像这样将宗教装饰与声色犬马结合在一起，实在是超乎想象的。他们有些紧张地眨起眼睛来。在酒店最主要的那家夜总会里，有一个"玻璃鱼缸"似的地方，一排排长凳层层向上排布，宛如一个小型的圆形剧场。姑娘们一个个都被编了号，身穿托加长袍（toga），等待着客人的挑选，而客人只要对着妈妈桑喊出中意姑娘的编号即可。这种做法在亚洲是司空见惯的。彩绘的背景墙上画的是丛林中的池塘和灌木，描绘着原始森林的一角。整个场景看起来仿佛巴黎动物园的众生相。

可惜，那天晚上夜总会里只有一位泰国姑娘。她埋头织着东西，头也不抬。几位马来西亚游客面露厌烦之情，决定转战酒吧，我们坐在乌烟瘴气的鸡尾酒廊里，比较着阳具形状的塑料房卡，上面饰有"性感粉红"字样。我学了几句马来的性俚语，比如"丁丁""阴道""吃豆腐"以及"性行为"这几个词如何表达。说不定哪天就能派上用场。

这几位马来游客来自哥打巴鲁（Kota Bharu），都是职业白领。他们租下了一辆面包车，从双溪哥乐（Sungai Kolok）入境，一路驱车来到这里。双溪哥乐这座小镇，因为灯红酒绿的妓院遍布其间而名声不好。整个周末，他们都待在粉红女士酒店，预想着每个人都能碰上至少五次艳遇，喝下一瓶以上的苏格兰威士忌。这还没有算上琴费士[1]、皇家之鹿威士忌、朗姆酒、可乐、激情海岸[2]以及灰雁伏特加。他们的初衷就是将酒与性融为一体，就像泰国所能容忍的那样。

1　琴费士（Gin fizz）是一款以金酒为基酒、加入鲜榨柠檬汁和苏打水调制而成的鸡尾酒。
2　激情海岸（Sex on the beach）以伏特加为基酒，加入桃味力娇酒、鲜橙汁等调制而成。

"那接下来呢？"

"打道回府，睡上一觉，就这样。"

似乎一气呵成。卡巴莱[1]歌舞表演开场了。几位姑娘昂首阔步地走上舞台，她们头戴高筒礼帽，身上插着红磨坊[2]般的夸张羽毛，将手中的金制双耳细颈酒罐高高举起。然而，并没有什么特别的事情发生。看起来倒是挺神秘的。几位马来西亚游客一脸漠然。他们反过来向我提出了一个问题：像我这样的外国人来合艾做什么。我回答道，自己目前正在游历泰国的南部腹地，为的就是体验一把当地的夜生活。事实上，我正准备从合艾出发，前往他们的家乡哥打巴鲁，深入了解像他们这样的男人来此寻欢的原因，以及他们饮酒作乐的方式。这番话让他们不禁笑出了声。一开始，我也以为那其中夹杂着的是欢笑。可细想想，事实恰恰相反。

· · ·

有时，不论是泰国政治扑朔迷离的运作方式，还是这个享乐至上的国度成为除伊拉克之外受穆斯林骚乱影响最为严重的国家的原

1　卡巴莱（Cabaret）是包含戏剧、歌舞、话剧的娱乐表演，在设有舞台的餐厅或夜总会进行。

2　红磨坊（Moulin Rouge）是法国著名歌舞表演厅，舞者延续着几百年前的服饰风格，身上披挂着华丽的羽毛服饰或金属片作为装饰。

因，都很难条分缕析，一一厘清。

泰国南部腹地的穆斯林叛乱者所求的，无外乎北大年（Pattani）苏丹国的复兴。在过去的几个世纪里，该苏丹国一直是一个信奉伊斯兰教的小国。当时的马来亚[1]正处于英国的殖民统治之下。1909年，英国将南部三府归入暹罗王国的版图，自此北大年苏丹国从地图上被抹去。时至今日，没有人还记得当时英国交出南部三府，从泰国人手上换取了贸易权。尽管18世纪时泰国人曾试图掌握该地区的主导权，但还是招致了长达百年、不共戴天的仇恨。

虽然一直以来西方关注的焦点都放在曼谷近期的政治博弈上，但是关于泰国之魂的漫长斗争却在南部酝酿升级。这两者是息息相关的。2006年，当时的泰国总理他信·西那瓦在一场没有流血的军事政变中被推翻下台。在此之前，他信一直把控着南部的战事，认为这一切都是冲他而来的。当出现野蛮暴行时，他将军队武力镇压穆斯林的大部分罪责揽在自己身上。这场愈演愈烈的战争，很大程度上导致了他信政府失去合法性，并最终分崩离析。而用苏斯博士[2]的话说，他

1　1963年前，世界上并不存在马来西亚（Malaysia）这个国家。当时的马来亚（Malaya）指马来亚半岛的统一体，处于英国的殖民统治之下。1963年，马来亚联邦、新加坡和砂拉越共同组成马来西亚联邦。1965年，新加坡脱离马来西亚独立。
2　苏斯博士（Dr. Seuss, 1904-1991），美国著名儿童文学家。

也是近期在曼谷市中心掀起动乱的红衫军的幕后操控者。

没有人真正了解叛乱者的身份和数量。1998年前近40年间，泰国南部活跃着多支游击队伍。他们打着建立独立伊斯兰国家的旗帜，进行破坏、刺杀和绑架活动。泰国政府在南部推行非宗教教育后，一个自称民族革命阵线的团体于1960年成立。以其当时在伊斯兰世界开展运动的形势来看，该团体属于"伊斯兰社会主义者"，反对资本主义和殖民主义。民族革命阵线曾公开表示，希望能够并入马来西亚，成为泛东南亚马来穆斯林社会主义联盟的一员。同时，该团体还抵制泰国宪法，强调武装斗争的重要性。

到1998年为止，泰国已基本平定了南部腹地的叛乱。但2001年他信上台后，暴力活动又再次猖獗起来。他信将治安管理的工作交由警方负责，而警方因腐败问题深受民众的质疑和厌恶；与此同时，叛乱者开始重整旗鼓。截至2004年，暴力活动已经升级为恶性事件。信奉佛教的种植园工人和僧人被枪杀、斩首或砍杀。奇怪的是，凶手至今还没有一点眉目，比如一些秘密犯罪团伙：北大年圣战者运动、北大年联合解放阵线及其武装分支（马艾·托费恩领导的武装团体和另一支极端暴力的巡逻小队）。

2006年，分离主义组织北大年独立阵线领袖万阿都卡迪曾向半岛电视台透露，在泰国发动的多起暴力袭击获得了印尼恐怖组织伊斯兰祈祷团的支持和帮助。而伊斯兰祈祷团正是制造了2002年和2005年巴厘岛爆炸案、造成数百人身亡的恐怖主义团体。

目前的情况是，一片生活着穆斯林的土地被信奉佛教的军队所占领，这让整个战局越发不明朗，变得扑朔迷离。归根到底，这是一场没有出路的文化较量，一个永远都无法打破的僵局。

粉红女士酒店的几位马来游客，对这当中的讽刺心知肚明。他们穿越边境来到合艾，为的就是逃离伊斯兰教法的束缚，而泰国穆斯林却为了能够在这里实施伊斯兰教法，制造爆炸袭击。也许，用讽刺来形容对这悖论的顽固认知，并不合适。他们还提到了一点，那就是合艾也曾发生过恶性的爆炸袭击案。2006年，海洋百货商场和红糖酒吧就曾遭到炸弹袭击，爆炸共造成四人死亡，其中一位遇难者是来自马来西亚的观光客。他没能升入天堂，一个马来人这么推断道。那些从前为了泰国姑娘而来的、堕落放纵的外国老头嗅到了危险的讯息，不再造访。而马来人却继续涌入，因为他们实在没有别的地方可去。想要碰到艳遇，并且喝上尊尼获加，这是一条成本最低的捷径。试想，要是连尊尼获加都没得喝，他们该怎么办呢？

混合着杯中一层层走了味[1]的冰,我们开始饮用尊尼获加。那几位马来游客一脸放松下来的表情,仿佛紧张症[2]得到了缓解。他们的满足感或许来自酒水的品牌,又或许源自威士忌酒本身。一起喝酒,无异于一同偷食禁果,一同越界逾矩,对禁忌表现出无声的鄙夷,还有心态上的骤然转变与升华。结伴共饮,确实会让人生出几分肝胆相照的情谊来,尤其是在远离家庭生活和宗教习俗的束缚时。我向他们当中的一人问起,为什么在家乡哥打巴鲁喝酒远比不上到这里来喝酒。"我们说的句句都是实话,"他们回答,"哥打巴鲁是严格奉行伊斯兰教法的。"

　　哥打巴鲁位于马泰边境的吉兰丹州。该州处在马来西亚最东面,是这个国家最激进的伊斯兰党派马来西亚伊斯兰党的大本营。聂阿兹不仅是该党派的领袖,还是吉兰丹州的州务大臣,他一直致力于推动伊斯兰教法的全面实行。这其中就包含偷窃判处截肢、通奸判处石刑的严酷惩罚,残忍法律下的标准道义。联邦政府对伊斯兰教法的全面实行已施加一定阻力,可无奈马来西亚13个州中有5个都处于马来西亚伊斯兰党的控制之下。

1　走味指酒水因氧化、稀释等原因而失去原有风味。
2　紧张症（Catatonia）指精神运动和意志状态的紊乱,患者会出现肌肉强直、木僵、肌张力障碍、模仿动作、缄默不语等行为。

我听说过一桩近期轰动一时的案件。2009年，马来西亚女模特卡尔迪卡·莎莉·德薇·舒卡诺因在彭亨州（伊斯兰党控制的5个州之一）一家酒店的夜总会喝了杯啤酒，被该州伊斯兰法庭判处鞭笞6下的刑罚。行刑前一天，彭亨州苏丹决定减轻刑罚，将鞭刑改为社区服务。但是，卡尔迪卡当时若真受了刑，这就将成为马来西亚近现代史上第一次对女性施以鞭刑的案件。2010年2月，3名女子因婚内出轨而遭受鞭笞。在大多数人看来，随着伊斯兰化在马来西亚的蔓延和发展，因饮酒而被施以鞭刑的案件数量会有所上升。饮酒的危险系数日益升高，酒精的诱惑力陡增，边境亦随之繁荣起来。

马来西亚的2600万人中，仅有五成属于马来穆斯林，余下的人口主要由华人和印度人构成，他们不受伊斯兰教法的制约。"伊斯兰教是一个温和的宗教，"聂阿兹说道，"我们希望通过协商一致的方式，在全国范围内贯彻落实伊斯兰教法。"对于泰国来说，伊斯兰教最为激进的吉兰丹州恰恰坐落于马泰边境上，这既是件坏事，又算是一种另类的商业机遇。

几天后，我乘坐一辆私家车，从合艾出发前往北大年。开至海岸，只要两小时的车程。一路上经过长满荸荠的入海口，还有稻田、果园和一座座单薄的房屋，屋子的四周围绕着不少竹鸟笼，清一色都挂在绳子上。鸟笼里是喜欢悲啼的鸟，在南部随处可见。这片土地平坦而炎热，草木茂盛却如同强弩之末，仿佛海水没有潮涨，只有潮落。

车开到一半的时候，开始出现阿拉伯语路标，接着就遇到了第一批路障。那里有几支泰国部队，士兵们戴着丛林迷彩色的头盔，佩有 M15 式手枪，有的在遮阳伞下休息，有的一脸怒气地坐在沙包围墙的后面。等到了 5 点钟，路上早已空无一人。因为夜幕降临后，叛乱团伙就会在公路上到处走动，伺机行凶，以至于下午 3 点，我的司机就已经迫不及待地想要下高速了。面包车作为泰国南部各城镇来往的常用交通工具，经常会在这里被拦下，叛乱者要求旅客下车并当场枪杀。就连当地警察局也曾遭到过火箭弹的袭击，而佛教徒所经营的路边大排档也难逃自动步枪的扫射。

北大年尽管有着一所规模不小的大学，还有之前吸引大批泰国艺术家和波希米亚人前来的沿河中式店屋，如今却几乎是无人问津。这里随机实施军事宵禁，只有一家让人不那么反感的酒店，是距离城镇一英里开外的 CS 酒店。这家酒店 2008 年也曾遭到过汽车炸弹的袭击，共造成两名酒店员工死亡，但重建时酒店换上了马来风格的装饰，并播放马来西亚管弦乐。如今这家酒店孤零零地坐落在一条死胡同的尽头，门前除了全副武装的守卫，还有沙包和不停运转的监控摄像头。

到达酒店时，有几位穆斯林商人正坐在户外露台上喝茶，旁边放着茶壶牌炼乳。这家酒店除了供应茶、炼乳和白糖，就没有别的了。操着一口蹩脚的泰语，我成功说服了一位酒店员工，付现金从他那里租到了一辆摩托车。在北大年，几乎是找不到出租车的。在他们看来，一个外国人骑着摩托车四处溜达，无异于自寻死路，可我却觉得为了能喝上一瓶凉爽的胜狮啤酒[1]，冒这点风险是值得的。再说凭什么冲我开枪？他们痛恨的是佛教徒，还有其他支派的穆斯林。

不一会儿，我就迷路了。我骑着摩托车，从北大年的内陆地区飞驰而过，沿途路过静谧的运河、仓库，还有宁静得让人感到不安的稻田。几位荷枪实弹的泰国士兵在一个路障处拦下了我。他们手拿相机，迅速拍下我跨坐在轻型摩托车上的模样，然后纷纷与我击掌。这是信奉佛教的新兵与眼前这位身高 1.96 米、被错认成美国佬的英国人之间的投契。我用泰语向他们询问酒吧的位置，还有他们被派遣到北大年这座让人胆战心惊的东南亚城市服役，休息时连酒吧也去不了是种怎样的体验。他们没精打采地表示，渴望回曼谷度

1　胜狮啤酒（Singha）是泰国的国民啤酒，瓶身上有一只金色的狮子作为标志。

过周末，以及南部的人就是一群落后的混蛋，再没说别的。我们聊了聊曼谷12万家酒吧中各自最心仪的几家，然后相互递了几支香烟。我意识到，我们对于南部叛乱者这一问题在政治见解上的投契，实际上都是围绕着叛乱者最憎恶的东西，也就是酒展开的。

那一晚，北大年的老城区正在举行中国新年的庆祝活动。我骑着摩托车过去，经过小巷时，路灯都灭了，照亮街道的是头顶上那悬挂着的一串串大红灯笼。整座小城笼罩在暴力和恐惧的氛围之中，没有闪烁的霓虹灯。夜幕下警察与叛乱者在北大年街头的追击枪战，摩托车后座上的冷血刺杀，都时有发生。我开着摩托车在城市里兜了一个小时，连一家夜总会或酒吧也没找到，马来游客更是一个也没见到。如今的北大年，已然是一座脱离了泰国现代化建设的伊斯兰城市。不过，新年的庆祝活动有摇滚音乐会，还有舞龙表演。我手里捧着一杯加了冰的荔枝果汁，在人群中穿行。小吃摊上包着头巾的几位姑娘害羞地告诉我，她们的货品里是不准备可乐的。难道可乐在某种程度上也受到了鄙视吗？

泰国南部腹地确实有些落伍。脱衣舞酒吧，迷恋科技，粗犷的性，也许最重要的，是女性在工作场所相对自由？或许有人会说，在泰国穆斯林看来，随和包容的佛教徒正是他们眼中的"西方"，是战争之境[1]，是异教徒的栖身之所，包容一切。

回到酒店，大堂非常安静，露台上已经不供应茶壶牌炼乳了。时间是晚上 9 点半。我一路闲逛，来到安全屏障外脏乱的市集。我留意到一家透出玫瑰色灯光的店铺。店内身着开衩连衣裙的泰国女服务员在一些没有清理干净的桌子间游走。这一幕让人震惊。不用说，这肯定是一家中规中矩的包厢歌厅。我可以在那儿点一瓶胜狮啤酒喝。歌厅显然是为了那些住在 CS 酒店里的中国商人或是偶尔犯浑、愿意赔上性命来喝酒的穆斯林而开的，但那天晚上店里一个客人也没有。我向女服务员打听她们的老家。意料之中，她们都信奉佛教，其中一些来自泰国北部地区。在北大年唯一的一家酒吧工作，工作地点离曾经遭到爆炸袭击的酒店还这么近，她们心里也难免会感到不安。但生意是生意。

"来这里的中国人看起来百无聊赖，常常一口气点上 10 杯啤酒。而穆斯林个个都是酒鬼，一来就喝个不停。这并不是我们的过错。我们只希望叛乱者骑车经过时别冲我们开枪。在北大年，他们经常会这么做。"

讲这些话的时候，她们言语中流露出的是轻蔑和不屑。女服务

1　伊斯兰文明将世界划分为两部分，即和平的伊斯兰家园（Dar al-Islam）和战争之境（Dar al-Harb）。

员告诉我，她们听说了叛乱者暗中募集资金的传闻，这件事在曼谷闹得沸沸扬扬。不论是当地警察，还是叛乱者，都和贩毒脱不开干系。在吸毒人数高达 400 万的巴基斯坦，毒品可以接受，但喝一小口啤酒却是死罪。

泰国民众还笃定，马泰边境地区供应冬阴功汤的马来餐厅也是恐怖分子筹措资金的来源。冬阴功汤（一道酸辣爽口的汤品，主要食材有香茅、青柠叶和虾）在泰国菜中最受游客欢迎，人气最高，这也意味着，会有不少餐厅为南部叛乱者筹集资金。这样故事，我在曼谷听了不下数次，而眼前这几位女服务员似乎对这种说法的真实性深信不疑。佛教僧侣被斩首，就是那些狡诈的马来冬阴功汤餐厅老板在暗中支持。正是这一点，使得她们在谈到泰国穆斯林时满是敌意和冷酷。在泰国，冬阴功汤美味可口，深受喜爱。唯一不大好的地方就是汤比较烫。

第二天早上，我徒步走到北大年，在其中一家小巴客运公司购买了一张前往那拉提瓦（Narathiwat）的车票。那拉提瓦距离北大年两小时车程，沿着海岸线一路往南，朝着马泰边境的方向前进。那拉提瓦位于那拉提瓦府，同样也是一个动乱不安的穆斯林城市，但历史远没有北大年悠久，1936 年才建城。这座城市坐落于一条宽阔的河流旁，因事故频发的清真寺而闻名。讽刺的是，那拉提瓦在梵文里的意思是"智者的居所"。这里有 18% 的人口信奉佛教。那些更激进的伊斯兰民众巴不得佛教徒离开。

2004 年 4 月，该府一支由 32 名武装分子组成的游击队袭击了一处泰军军营，并杀害了两名士兵。后来，这支游击队退入了建造于 16 世纪的库塞清真寺。经过 7 个小时的对峙，泰国军队强行攻入库塞清真寺，造成寺内 122 人全数死亡。时任总理的他信因过度使用武力而备受自由党和改革派的谴责。自 2006 年以来，泰国政府开始采取更加温和的安抚政策，为库塞清真寺惨案等类似事件致歉，并承诺会体察地方冤情。这种忏悔和道歉的作风，本身值得钦佩，但换来的竟是叛乱者越发得寸进尺的暴力行径。说得委婉些，这让那些相信调解力量的人都不知道该如何是好了。

机缘巧合之下，我碰到了一位信教的学生。他们似乎每天都要赶这些小巴在城市间往返。哈基姆在也拉府上学，他问我会不会说阿拉伯语和泰语。不会讲吗？他看上去一脸困惑。哈基姆想去巴基斯坦念书，更远大的目标是去沙特阿拉伯深造。旅途中，我们就伊斯兰教对酒的厌恶展开了探讨。哈基姆指出，伊斯兰教之所以禁酒，是因为一旦醉酒，我们就无法做到"忠实于自己或是我们的关系"。这个观点很有趣，也说得通。

换句话说，酒会扭曲个体与自我的关系，从而影响我们与万物之间的联系。这像极了我在爪哇省梭罗市与那群白袍少年的对话。在这一点上，哈基姆刻意表现出了自己的同情心和冷静。

"你喝过酒吗？"我问道。

"从来没有。"

"那你是怎么知道酒的种种危害的？"

"《古兰经》里有对酒的描述。"

在这一点上，哈基姆显得有些激动。

"饮酒的人，"他说道，"应该当众受鞭刑。他们还有什么出息？"紧接着，他意识到我或许是基督教徒，于是缓和了说话的语气。"当然了，我指的是穆斯林。"

我问他是否认为卡尔迪卡·莎莉·德薇·舒卡诺因应该为了喝了一小口啤酒而被鞭答。

"那是自然，必须如此。难道她不知道伊斯兰教法吗？重要的不是她只喝了一小口，而是这一小口的象征意义。"

"象征着什么？"

"接纳魔鬼撒旦。"

泰国的小巴会将每位乘客都送到家门口。司机在市郊一栋精心打理的房子前停下车，哈基姆下了车。他祝我在这座"美丽的城市"

一切好运，然后与我握手以示友好，打消我的疑虑，让我明白他前面所说的话并不是在针对我。他内心深处非常善良单纯，但也夹杂着几分不自知的愤世嫉俗。难道他对于鞭笞马来模特的那番话是认真的吗？

我在帝国酒店下了车，这是那拉提瓦唯一能落脚的地方。酒店里没什么人。房间里光线昏暗，空空如也，天花板上有一支指向麦加方向的黑色箭头。室内的迷你吧里都是软饮，一如既往地讨人厌。房间的窗帘闻起来有一股30年老雪茄的味道。这些我并不介意。夜幕降临后，我便出门散步，清真寺的扩音器也纷纷响了起来。住在这样的酒店，离开房间到街上散心是早晚的事。

周五晚上，酒店对面的清真寺用泰国南部的一种马来方言亚维语进行训诫。每说完一段激情昂扬的训诫词，伊玛目就会稍作停顿，长长地叹息，发出愤怒的啊哈声。男人们光着膀子坐在咖啡厅里，一起观看曼联比赛，旁边放着装有荔枝果汁和绿色果冻的塑料马克杯。只有在球门球[1]的间隙，他们才会腾出一只耳朵来听训诫。而那些将摩托车停在河边的男孩子们，正仰卧在各自的摩托车上，随着

1　球门球（Goal kick）一般由守方球员在球门区直接向球场中踢出，可直接射入对方球门得分。

啊哈声在夜空回荡，纷纷抬起了头。

我连一个能喝酒的地方也没有找到，很是挫败，无精打采地回帝国酒店。漫漫长夜，唯有橙汁，还有诵读和讲解古兰经的马来西亚电视节目为伴了。可就在我从全副武装的保安面前走过时，我看到了一个身材高挑的人妖（严格意义上来说应该算雌雄同体，但这个词通常指接受过变性手术的男性）正噔噔噔噔地走过市集。我暗暗告诉自己，在享乐主义的那拉提瓦，跟着人妖走准没错。果然，她拐进了一家我之前没有注意到的"沙龙"。

但这家沙龙里清一色的都是人妖。她害羞地望着我，问我有什么目的。这个问题问得好。当时我觉得，提出与变性妓女发生关系的要求，会比直接开口要一瓶时代啤酒[1]合时宜。变性妓女对这一点心知肚明。她拿着这些套路来挑逗我。我冒着风险，提出要喝啤酒。她走进里屋，回来时手里拿着一瓶大象啤酒[2]，这是泰国本土酿造的啤酒。接着，她打开了卡拉OK的屏幕，要好好招待我。

"我和你一起？"总算说英语了，她用那修长的、涂抹着指甲油的指甲指了指她自己，然后又指了指我。

我大胆地拒绝了，然后问她喝大象啤酒有没有危险。清真寺传

1　时代啤酒（Stella Artois）是比利时啤酒品牌，以大麦和啤酒花为原料。

2　大象啤酒（Chang）是泰国本土啤酒，被当地人亲切地称为象啤。

来的那一阵阵啊哈声，听起来着实有些刺耳。

"不是啦，"她用泰语说道，"伊玛目讲的是净礼的重要性，比如洗脚。"

"与饮酒无关？"

"那是上周的主题。"

人妖呢？我想问，《古兰经》里对人妖又是怎么说的呢？

乔治·康沃尔·刘易斯勋爵[1]曾说过这样一番话：若我们没有体会过快乐，生活再苦也能熬得过去，这就是人生的不幸。那天晚上，我做了个噩梦。当我从梦中惊醒过来时，我十分确定自己看到了一只巨型甲壳虫正从房间的天花板上爬过。其实，甲壳虫是那支指向麦加的黑色箭头。第二天早上，酒店的工作人员带着歉意，礼貌地告诉了我昨天的情况，原来有一颗炸弹在那拉提瓦爆炸了。大家好像对此都已经见怪不怪了，不过一句泛泛的道歉还是免不了的。

我再次乘坐小巴，朝着马泰边境的方向前进，目的地是有着坏名声且动荡不安的双溪哥乐。它坐落于一条狭窄的河道旁（双溪在泰语中的意思是"河流"），而马泰边境正好位于这条河上。在我看

1　乔治·康沃尔·刘易斯勋爵（Sir George Cornewall Lewis，1806-1863），英国政治家。

来，若是能不计任何代价地远离双溪哥乐，生活将会是多么甜蜜而美好。没有了双溪哥乐，人便能幸福健康地安然老去。

当马来人想要从吉兰丹州的伊斯兰教法体制中短暂抽离出来时，大多数人会选择偷偷摸摸地来双溪哥乐。这里有特殊的一站式酒店妓院，为的就是在时间紧迫的情况下满足客人的需求。其中发展得最好的，要数中式风格的云顶酒店。这家酒店的名字取自马来西亚的云顶山，英国军队也曾驻扎在那片山区。云顶酒店离边境仅100米，如果不怕热，完全可以自己走过去。酒店里，你可以用马来西亚林吉特付款。二楼的卡巴莱餐馆和酒吧聚集着不少马来姑娘，她们盼望着穆斯林男性的到来。双溪哥乐频繁的爆炸袭击和枪击案，让游客的热情暂时降温，但仍然会有胆大的人为了艳遇和一杯桑蒂普威士忌[1]（最好一次都占齐）来冒险。

丰富多彩的舞会是云顶酒店的一大特色。那天晚上，酒店里刚好在举行一场舞会。与粉红女士酒店不同，云顶酒店还是一个家庭式酒店。在这里，餐厅也是夜总会，6岁的孩子们在餐桌间蹦跳起舞，应和着泰国中年男低音歌手演唱的跑调乡村民谣。楼上的姑娘

1　桑蒂普威士忌（Sang Thip whisky），泰国一款由甘蔗酿制而成的烈酒。

们穿着白色流苏靴，手里拿着泰迪熊和半只凤梨，正在吃酸咖喱，显得无所事事。在她们当中走动的是有些迟疑和紧张的马来西亚游客，他们看上去不苟言笑，眼神疲惫。这里的人鱼龙混杂，可也不会离谱到哪去。就连楼上的按摩院，看上去也是悠闲自在。纸醉金迷。

我坐在旁边的酒吧，正和一位来自哥打巴鲁的工程师聊天。他今年 60 岁，刚刚以优惠的价格买到了泰国果冻，也就是泰国版的伟哥，一盒 4 个只要 5 美元。他在吧台上喝了一杯湄公威士忌[1]。陪酒女郎们纷纷劝他，喝湄公酒的时候不可以服用果冻。尤瑟夫个头不大，秃顶。他顺势从高脚凳上滑了下来，反驳果冻配湄公酒才称得上是极乐。

"你可真坏，"她们用英语说道，"来这里就是为了寻找艳遇。你会因心脏病发作而死的。"

"多漂亮的女人啊，"他说着，把头转向我，"真优雅。"

"我请你喝一杯吧，"我说道，"还是湄公威士忌？"

我们聊了聊双溪哥乐这个地方。这是个美好的地狱，可偏偏叛乱者总爱制造爆炸袭击，或许在他们眼中，这个地方就是撒旦的魔

1　湄公威士忌（Mekong）是一种泰国烈酒，饮用时一般加入苏打水，再配以冰块和青柠等。

窟吧。这些话他都是用英语说的，想来酒吧里的女郎是听不大懂的。

我问了他一个问题：一座穆斯林城市，却到处都是马来游客，会不会有些讽刺？

"没错，但我们是他们眼中的罪人，活该被榴霰弹炸死。"

"你们也是叛乱者的理想目标吗？"

"他们是不是要杀马来西亚人，这个我不清楚。他们的所作所为，是为了震慑泰国的穆斯林。但其实有很多马来人也在爆炸袭击中受了伤。这个地方不大，"他笑着说道，"我们是躲不掉的。"

发生在咖啡馆、酒吧和自动取款机的一起起爆炸案，确实让相当一部分马来人知难而退。可还是有一些马来人照来不误。

夜晚，双溪哥乐大体归于宁静。2月的树上，挤满了上千只鸟，它们叽叽喳喳，闹个不停。小吃摊打烊后，街上变得空空荡荡，唯有酒店和里面的酒吧还热闹着。玛丽娜酒店里的汇聚时光酒吧、塔拉酒店里的水仙花按摩院，还有开在玛丽娜酒店里的蒙娜丽莎按摩院，那里有一幅巨大的列奥纳多夫人袒胸露乳的画像。酒店的楼下，一群马来人聚集在电视前，观看英超联赛。"利物浦！"他们叫喊着，举起拳头，看起来很是懊恼。另一边，中式寺庙，挂着红灯笼的街巷，金属百叶窗里没有透出光亮。悬挂着的鸟笼里，鸟儿已不见踪迹。这个地方有一股神奇的魔力。中国人与泰国佛教徒、穆斯林混居在一起，并没有让双溪哥乐失去生机和活力。尽管没有一家酒吧开门营业，但是酒店的公共空间，让这座小镇在工作时间结束后依旧繁华喧闹。

第二天清晨，我起床去附近的一处自动取款机取钱，出发前在云顶酒店吃了早餐：雀巢咖啡、橙子和粥。几位来自哥打巴鲁的嫖客过来与我拼桌，一个劲地描述着前一晚的战绩。他们看上去扬扬自得，即将踏上返程，那股得意和满足，正需要有个人来捧场。超模身材一级棒，对吧?

我在那听了几分钟，便离开了酒店。天气很热，一点风也没有。就在我朝自动提款机走过去的时候，我留意到整条街上都没什么人，似乎有些不太寻常。当时是上午8点钟。忽然间，一声震耳欲聋的爆炸声传来，屋顶上方冒出一股浓烟。我走到自动取款机面前，发现它已经被一枚小型炸弹炸得四分五裂、面目全非。后来，当地警方锁定了嫌犯的身份，是叛乱团体巡逻小队的成员，为首的名叫瓦埃里·考普特·瓦吉。

午饭后，我乘坐出租车穿越马泰边境，前往哥打巴鲁，一路上思考着因使用自动取款机而被瓦埃里·考普特·瓦吉谋害这件事的内在原因。考普特会不会是因为我喝了用大麦酿制的酒，所以对我大开杀戒呢?

之所以将哥打巴鲁作为行程的最后一站，是因为它从某种程度上来说正是泰国叛乱者所向往并为之奋斗的目标：这里的生活至少在一定程度上遵循着伊斯兰教法；同时还是一座远离泰国腐败纷扰和苦难的伊斯兰城市。哥打巴鲁既没有情色酒吧，也不存在什么酒吧营业时段。另外，我也想看看那些马来西亚嫖客到底从哪里来。

事实证明，聂阿兹控制下的吉兰丹州首府哥打巴鲁是一座怡人的城市。这里宁静，温和，井然有序，有哥打巴鲁贸易中心这样开着冷气的购物商场，标着"您好"字样的红色电话亭，有国贸资本伊斯兰教银行支行，还有像玫瑰大楼这样可以追溯至20世纪30年代英国殖民时期的新古典主义白色商业中心。与双溪哥乐、合艾相比，哥打巴鲁要好得多，这里更加整洁，更适宜居住，也更加亲切。我确实看到了一些冰冻啤酒的标牌，可正如我所预料的那样，并没有什么夜生活的迹象。我原以为，哥打巴鲁会是另一个德黑兰，甚至比德黑兰更加糟糕，到处是昏暗肮脏的大楼，被清真寺的扩音器扰得惶惶不可终日。可瞧瞧，这里明明更像是美国新泽西州的伊丽莎白市，它身上美国的影子或许正是受新加坡的影响。

太阳落山，薄暮降临。一座座清真寺开始焕发活力热闹起来，而大街小巷却渐渐失去生机归于宁静。清真寺和购物商场之间的地方，人们在这里除了专注家庭生活，守护个人空间，再无其他。不论是外来者还是游客，都被这座城市拒之门外。虽然马来游客不断涌入泰国各大城市，但显而易见的是泰国人却从没踏上过这片土地。

罗杰·斯克鲁顿[1]曾在《西方与非西方》一书中，阐述了传统伊斯兰城市的两极性：

> 唯有清真寺、伊斯兰学校和露天集市，才算得上是传统穆斯林城市真正的公共空间。街道是私人住宅间的通道，房屋坐落于街边或是街对面，分布在那一座座杂乱无章的庭院之中。穆斯林城市是伊斯兰教法的产物，宛如一个由私用空间堆砌起来的蜂巢，一间蜂室接着一间地建造而成。

但哥打巴鲁真的是这么传统的一座城市吗？或许，这是它越来越渴望成为的样子。同时，这里的商场打着冷气，那些属于异教徒的品牌也深受欢迎。这座城市固然安逸，但因循守旧的生活和浓厚的家庭观念，让人不禁思念起俗丽粗野的公共空间，也就是酒吧。闲来思忖一番：若是一座城市没有歌剧院、电影院、美术馆和体育

1　罗杰·斯克鲁顿（Roger Scruton, 1944- ），英国作家、哲学家。

场的话，那么酒吧便是最简单纯粹、分布最广泛，也最亲民的公共空间了。当我漫步在哥打巴鲁静谧的街道上，从落满飞鸟的树下走过时，夹杂着思念和难以置信，我想起了曼谷素坤逸路每晚一字排开的流动酒吧，一辆辆机动手推车在黄昏降临时出没，又在拂晓时分悄然离开。这一招真是高明：在人行道上暂时地占个位置，那排成一列的伏特加和苏格兰威士忌酒瓶，还有椅子，对所有陌生人都开放。正是这些接地气又具有即时性和开放性的流动酒吧，让人们感受到曼谷的自由氛围。我注意到，这类流动酒吧深受马来西亚、阿拉伯和伊朗游客的喜爱。但他们从来没有来过哥打巴鲁，也永远不会来这个地方。

吸引着哥打巴鲁男人前往的，不只是泰国一醉方休的畅快和放纵浪荡的女人，那儿畅所欲言的公共空间更让他们心驰神往。对于他们来说，无论是在清真寺还是在家里，有些话只能埋在心里，无法言说。换句话说，酒让人变得语无伦次，口无遮拦。在西方，酒吧始于18世纪伦敦和巴黎街头的咖啡馆和餐厅，同时也是现代政治萌芽的地方。没有酒吧的大型城镇，总给人以某种倒退和抵制的感觉，尽管这种抵制并不是没有理由或魅力的。

在马泰边境地区，哥打巴鲁是第一座没有让我每日生活在刺杀和爆炸恐惧中的城市，或许是因为这里并不存在当代都市生活的任何陷阱，也没有任何激怒伊斯兰战士的事物吧。哥打巴鲁没有酒吧，也没有"抛头露面"的女人，有的只是购物大厦。最后，我在商场里坐了下来，戴着头巾的女孩们微笑着为我端来冰激凌。从禁酒的伊斯兰堡到无酒可喝的新泽西州大洋城，冰激凌难道是啤酒永远的替代品吗？因为一份美味的冰激凌同样能抚慰人心，让人甜蜜地陶醉于美德之中。

13
生命之水 [1]
—

Usquebaugh

对于爱尔兰人和苏格兰人而言，
威士忌属于"我们"，
它深入骨髓，
是回顾过往的纽带，
绚烂得令人眼花缭乱。

1　威士忌源自盖尔语 Usquebaugh，意为"生命之水"。

每当我身处东方酒吧，比如曼谷拜约克摩天塔顶楼的酒吧，摩天大楼的外侧覆盖着尊尼获加的巨幅广告，我的思绪又会回到那段在内赫布里群岛（Inner Hebrides）艾拉岛上度过的时光。

　　苏格兰威士忌在亚洲人乃至所有非西方国家公民心中都有着独特的地位。它口味奇特，却在世界范围内深受欢迎。它究竟为何会有这么大的吸引力，实在是个谜。以人们对尊尼获加的迷恋为例，从开罗到首尔再到孟买，丰盛融洽的餐桌旁，晚餐结束后，这款精酿从不缺席。社会地位、精英气质，还有殖民地长官般的派头，统统融入这琥珀色的酒饮之中。不过在东方，尽管不太会品鉴威士忌的商人大部分对尊尼获加青睐有加，但产自艾拉岛及其他地区的更高纯度的单一麦芽威士忌[1]，也成功地开始进军更加高端的酒吧。围绕着威士忌展开的纠葛，才刚刚开了个头。

　　艾拉岛，我过去常常去那里，一面捡拾奇怪的瓶子，一面信步

1　单一麦芽威士忌（Single malt whisky）与单一谷物和调和威士忌不同，只以发芽大麦为原料。

闲游，放下自我，待上三两日。其实，艾拉岛一直让我魂牵梦萦。我常常在初夏时节去这座小岛，那时候的风更温柔些。我撑着伞，拿着一本《威士忌圣经》，如同忏悔者般独自一人在岛上徘徊，有种说不上来的心烦意乱。我渴望尝试一款不曾了解过的新品威士忌。于是，我顶着暴风雨，乘坐公交车前往酒厂。雨水咸咸的，远处的酒厂有着纯白色的外墙，宛如一座座修道院。这一切与希腊的冬天有几分相似。

和葡萄酒一样，想要了解威士忌，必须从它的产地入手。这里有着产自大西洋地区的泥煤，距离格拉斯哥有40分钟的航程。可以想见，艾拉岛离曼谷和东京是多么的遥远，是众多的酒徒让这些地方联系在了一起。在日本，艾拉岛的知名度要高于布达佩斯、基辅或格拉斯哥。

艾拉岛的形状宛如海洋中的一条飞机跑道。岛长30公里，宽30公里，人口3000，有一个规模看起来跟花园棚屋差不多的机场。难道艾拉岛的威士忌也渗入了雨水吗？荒凉的艾拉岛到底何时才放晴？当经过莫拉格咖啡屋，从展示着一瓶瓶本地产单一麦芽威士忌的机场休息室前走过，踏出机场的那一刻，就仿佛来到了冷峻荒芜的呼啸山庄。

一群酒保从东京千里迢迢地飞来艾拉岛，学习麦芽威士忌的知识。他们紧紧地攘着身上的博柏利雨衣，冒险地走到屋外肆虐的大风中，神情沮丧。一切都歪七扭八，横倒着，被风刮弯。"多么美好的一天啊！"粗犷的当地人冲他们喊道。侏罗岛紧邻艾拉岛，岛上以鹿为主，低调而柔软的侏罗麦芽威士忌就产自这里。

　　我曾在纽约沃特街的布里奇酒吧喝过侏罗麦芽威士忌（Jura）；这是纽约现存最古老的酒吧，有着10年乃至15年陈酿的单一麦芽威士忌，是品尝威士忌的圣地。布里奇酒吧位于沃特街的一栋大厦内，这栋大厦历史悠久，是由设计师设计的，吸引着众多游客前来。在这喝上一小口的侏罗麦芽威士忌，便能获得半小时的救赎。酒吧里有很多类似的苏格兰威士忌，入口细腻醇厚，回味悠长；比如达尔维尼威士忌（Dalwhinnie），被帝亚吉欧公司归入尊尼获加蓝方系列的波特艾伦陈酿威士忌（old Port Ellen），以及泰斯卡周年纪念版威士忌（Talisker's Anniversary Edition）。过去，我常常参加酿酒大师伊万·卡塔那赫（Evan Cattanach）举办的经典麦芽威士忌系列品鉴会，地点在麦迪逊大道和东五十大街的交叉口的皇宫酒店董事长办公室。看上去应该不会有人为了喝酒来如此繁华的贵妇型酒店。品鉴会的传统苏格兰晚餐上，几款市面上罕见的威士忌分别被用来搭配七道不同的菜品。伊万身着苏格兰短裙，向女士们献了一番殷勤，然后从自己的珍藏中取出布朗拉[1]25年陈酿威士忌，让我们品尝。这是所有单一麦芽威士忌中最出色的一款，出产的酒厂位于苏格兰高地荒芜的东部海岸，可如今已经不复存在。这真是品尝艾拉岛麦芽威士忌陈酿的好地方。晚餐的最后有25年陈酿的拉加维林[2]、拉弗格[3]威士忌，有时还会有卡尔里拉[4]和阿德贝哥[5]威士忌。禁酒令实施期间，产自艾拉岛的麦芽威士忌是美国唯一能合法购买的烈酒，其碘含量之高，甚至可以作为药品在药房出售。

艾伦岛上从波摩酒厂[6]开往阿德贝哥酒厂的市政公交车，沿着小岛南部的海岸公路前行，从泥煤地和生长着扭曲树木的园地间穿行而过。拉弗格和拉加维林两家酒厂并排坐落在一块，宛如海滨城堡。

1　布朗拉（Brora）创立于1819年，酒厂已停产多年，曾荣获旧金山世界烈酒大赛金奖。

2　拉加维林（Lagavulin）是一家位于苏格兰艾拉岛拉加维林海湾和爱伦港的单麦威士忌酒厂。

3　拉弗格（Laphroaig）酒厂采用传统的地板发芽法，是唯一获得英国王室认证的单麦威士忌。

4　卡尔里拉（Caol Ila）酒厂位于艾拉岛东岸，与侏罗岛隔海相望，拥有岛上最大的蒸馏器。

5　阿德贝哥（Ardbeg）酒厂位于艾拉岛南岸，自1981年起开始用泥煤值更高的高酚类麦芽制酒。

6　波摩（Bowmore）是苏格兰最古老的威士忌酒厂之一，采用传统的地板发芽法，并选用雪莉桶陈年，酒的颜色较艾拉岛其他酒厂出产的威士忌更深。

建在水畔的酒厂，它们的外墙涂成了白色，墙上面用黑色的字母写着酒厂的名字，引得车上的日本乘客连连抓拍。

拉弗格酒厂所在的海岬，坐落着昔日岛屿领主荒废的城堡；酿酒师约翰·坎贝尔带我参观了酒厂，拉弗格在盖尔语中有"宽阔海湾边的美丽山谷"之意。我们来到铺着水泥地面、用于麦芽发芽的房间，拉弗格酒厂的大麦都在这里不断地进行翻晒。发芽过程中，需要洒三次水，促使大麦在 52 个小时内出芽。大麦壳之后也会经过三次烘干。拉弗格是苏格兰仅有的 5 家采用手工"地板发芽法"的酒厂之一。通过交替开关窗户，让谷物充分地接触自然空气。丰富的植物酶经过纤细的初生茎灌入大麦壳的核心所在，其顶端随之萌发出新芽。坎贝尔掰开了一颗给我看。他告诉我，这意味着大麦已经开始合成糖分了。但是，在发芽开始之前，还有一个中间步骤：把大麦壳铲至干燥间，进行烘干。接下来的 15 个小时里，点燃的泥煤会散发出带有幽香的烟熏气体，让脱了水的大麦充分吸收其香气。

拉弗格威士忌有着浓郁的泥煤风味。品酒师指出，大多数苏格兰威士忌都带有 6 种烟熏风味，而拉弗格酒厂出产的威士忌则会散发出 14 种以上的烟熏风味，其海藻风味完全来自泥煤。不过这也说得通，艾拉岛的泥煤源自含碘量丰富的海藻，而苏格兰高地的泥煤源自木材。

威士忌的琥珀色主要源自木桶：一般采用陈年的二手波本桶[1]，或西班牙雪莉桶[2]。用波本桶熟成的威士忌色泽稍淡，而用雪莉桶熟成的苏格兰威士忌色泽偏深偏浓。兰·亨特（Ian Hunter）是拉弗格酒厂的一代传奇厂主，这家酒厂直至 1952 年才易主。他为了让熟成的威士忌带有香蕉和椰子的风味，寻遍了西印度群岛的朗姆桶。我注意到，那些年份更久的拉弗格威士忌，比如拉弗格 16 年陈酿威士忌，有不易察觉的橙皮和柠檬味道，往往夹杂着亚热带的阳光气息。威士忌的底味不全是北方苏格兰的风味，这就是"生命之水"的神秘之处。产自艾拉岛的麦芽威士忌，加上一块冰（其实这有些多了）稍稍稀释，便馥郁着南方和地中海的温暖气息，伴着一股燥热。这是一款适合冥想的威士忌，让酒徒陷入酒与疾病的危险关系之中。

至于爱尔兰人，我必须得承认，他们确实热衷于探讨醉酒与疾病之间的联系。"我偶尔沉溺于酒，"爱伦·坡写道，"却无法从酒中获得丝毫快乐。它并不是我要付出生命、名誉和理性的代价所追求

1　波本桶（Bourbon barrel）是美国波本威士忌的酿造桶。波本桶在美国只会使用一次，之后会被转卖到其他地方。使用波本桶进行陈年，能让威士忌呈淡棕色。
2　雪莉桶（Sherry vat）是西班牙人用来运输雪莉酒的桶，能为威士忌增添果香，使酒液呈现偏红的琥珀色。

的那种快乐，而是我们为了摆脱痛苦的回忆，远离难熬的孤独，逃避对未知厄运的恐惧，而做出的孤注一掷的尝试。"

或许，爱伦·坡并不是爱尔兰人，他所说的也并非是威士忌。但喝酒的目的不在于酒带来的快乐，这一点酒徒们都深有体会。苏格兰威士忌带来的乐趣，不完全是舌尖上的享受，因为它非但不好入口，还具有较强的刺激性。19世纪的大平原印第安人并不具备爱伦·坡描述的心理维度，他们究竟是如何迷恋上威士忌的，着实让人费解。威士忌不仅令他们还有我们陷入味觉的多重感官体验，更让人沉浸在那种情境和气氛中不可自拔。它扰乱了他们的心志，令他们变得痴狂，进入抑郁而冷漠的精神状态，并最终将他们摧毁。

尼尔斯·温特·布拉罗（Niels Winther Braroe）在1975年出版的《印第安人与白人》（*Indian and White*）一书中谈道："饮酒是白人最常拿来诟病印第安人的把柄之一，而印第安人对此也心知肚明。事实上，白人在许多场合都向印第安人表明了这个观点，有时带着轻蔑和不屑，有时充满同情和怜悯，表达的方式有不露声色的，也有直截了当的。"在其他人眼里，印第安人的爱好就是"狂喝滥饮"。和爱尔兰人一样，印第安人也是天生的酒鬼。

1932年3月，《时代》周刊报道了一起发生在亚利桑那州格洛布（Globe）的事件。21岁的阿帕切族（Apache）男子西摩因在白河保护区（White River Reservation）奸杀一名来自哥伦比亚、师从鲁思·本尼迪克特[1]的民族学专业学生汉丽埃塔·施默乐，而在谋杀案审判中被判处终身监禁。西摩常喝玉米酒[2]，这种酒在报道中被奇怪地称作"土著的月光"。据西摩描述，他当时正在骑马，这位白人女孩将他拦下，邀请他去她家再喝一杯，并开始亲吻他。他们一起坐到了马背上，紧接着是一番挣扎和一个致命的误会，一场艳遇泡了汤，一块石头酿成了血案。辩护律师对陪审团说道："我想提醒在座的各位，众所周知，对阿帕切族人而言，喝玉米酒无异于谋杀。"

· · ·

在欧洲人登陆之前，大平原印第安人（Plains Indians）从来没有接触过任何麻痹神经的酒类饮料。他们没有像西南部的阿帕切族那样，用一种被称为沙漠勺子（Dasylirion wheeleri）的植物，酿造出类似于麦斯卡尔酒的龙舌兰酒，也不像亚利桑那州南部的托赫诺奥哈姆族（Tohono O'odham）那样，酿制出一款以巨柱仙人掌为原料、

---

1 鲁思·本尼迪克特（Ruth Benedict, 1887-1948），美国文化人类学家，著有《菊与刀》。
2 玉米酒（Tulapai）指阿帕切族印第安人以发芽玉米为原料、加入药草等酿制的发酵酒。

用于祭祀的发酵饮料。对阿帕切族的少女来说，饮酒是其成年礼的一部分。

北方的情况则大为不同。1790~1830 年，随着不少欧洲商人来到密苏里河畔经商，大平原地区开始出现酒的踪影。过去，苏族人（Sioux）滴酒不沾。但蒸馏酒的到来，如同马匹那样[1]，彻底改变了他们。

法国的白兰地和英国的朗姆酒自始至终都是毛皮贸易的基石。土著民族对酒的喜爱与日俱增，他们乐于用珍贵的毛皮来换酒，而酒从任何角度来看，对经济发展都毫无裨益。毛皮、朗姆酒和白兰地，还有威士忌，逐渐成为美洲印第安人和欧洲人交换的媒介。活动家比阿特丽斯·梅迪森（Beatrice Medicine）在研究酒对拉科塔族（Lakota）的影响时，曾指出酒是一种殖民武器。"作为交易物品，"她写道，"酒能换取毛皮、食物、女人和土地，从而使欧洲人的利益得到满足。"

1802 年，美国国会出台了一项法律，限制欧洲人将酒售卖给印第安人。然而，1812 年战争结束后，约翰·雅各布·阿斯特的美国毛皮公司开始入驻苏族领地。毛皮与酒的物物交换让越来越多的印

1　苏族人生活在美国西部大平原区，靠狩猎为生，随着马匹引入，又迅速适应了马背上的生活。

第安人染上了酒瘾。在与印第安人的毛皮贸易中，该公司采用自产的烈酒，在威士忌中掺入鸦片酊。据说鸦片酊能让印第安人保持镇静，减少醉酒后自相残杀的情况。虽然到了19世纪40年代毛皮贸易开始走下坡路，但是为了从竞争对手那里抢夺更多的市场份额，该公司不惜将威士忌免费分发到苏族人的手上。威士忌渐渐昂贵了起来，政府所颁布的禁令也开始落实生效。然而，密苏里河东岸陆续出现所谓的威士忌农场，用酒来换取毛皮和衣料，易货贸易仍在继续。不少拉科塔族人为了一瓶劣质威士忌而倾家荡产，穷困潦倒。非法威士忌贸易也日益猖獗。凯尔特人生活在不列颠群岛一个不起眼的小角落里，但其出产的蒸馏酒却成了摧毁北美洲各民族的利器。

在印第安人保护区里是买不到酒的。自19世纪80年代建立以来，奥格拉拉科塔部落（Oglala Lakota）所在的青松岭保护区（Pine Ridge Reservation）就属于这种情况。该部落共有3万名成员，酗酒率居世界第一。为了买酒，他们不得不从青松岭保护区出发，驱车往南行驶两英里，前往一个叫怀特克莱的小村落。这个村庄规模不大，无非是一条路再加上两旁的棚屋，村子里一共住了11个人，经营着4家酒行，每年售出450万听啤酒。1882年，美国总统切斯特·阿瑟（Chester Arthur）为保护奥格拉拉不受非法威士忌商贩的烦扰，设立了怀特克莱延伸带（White Clay Extension），有点类似于缓冲区，而该村落正好位于这一延伸带内。怀特克莱村的两家酒吧，直到20世纪50年代才获准代销酒水。在那之前，这个村庄一直在倒卖私酒，以满足奥格拉拉部落对酒的需求。如今，这里仍在卖酒，不过开始改卖啤酒，俨然已经成为奥格拉拉酒鬼的集中营，他们常常为了喝酒而徒步走出保护区，回来时一头栽倒在废弃车库里或是路边的床垫上。从青松岭保护区出发，开车往南行驶，一路上会与不少步行去怀特克莱村喝酒的酒徒擦肩而过。这个村庄的垃圾堆积在茂盛的草坪上，都是些丢弃的易拉罐和啤酒瓶。依据奥格拉拉科塔部落的法律，保护区是禁止饮酒的。所以即便买了酒，奥格拉拉人也还是找不到可以喝酒的地方。身处禁酒与纵饮的中间地带，他们只得在星光点点的夜空下一饮而尽，把酒当场喝完。

怀特克莱村曾一度被称为"死亡陷阱"，这里经常会发生突发性的暴力事件，人们借着酒劲清算宿怨和旧账。起初，这是一个卖威士忌的村庄。在美国的西部，这样的地方到处都有。靠着数千年理智和清醒所建立起来的印第安民族，就这么毫无预警地陷入了嗜酒如命的旋涡之中，迷失了心智，深陷其中，无法自拔，变得一无所有。

英国记者安德鲁·马尔（Andrew Marr）在研究美国饮品的社会历史时，提出了一个略有不同的见解。马尔经过一番推论后指出，欧洲移民向西部进行的领土扩张和开发，瓦解了其社会结构。西部边疆前所未有的动荡不安和颠沛流离，让许多单身汉陷入困惑和迷茫。他们失去了由家庭、爱人和孩子所带来的愉悦和慰藉，只得与酒为伍。生活在边疆地区的移民恰恰以苏格兰人和爱尔兰人为主，他们将自己钟爱的威士忌带到了这片蛮荒之地。但是，由于当地货币稀缺，这批移民便开始用威士忌进行物物交换，这使得威士忌成为一种实际流通的货币。因此，将威士忌推介给印第安人，其背后并不存在什么邪恶的阴谋，也并非是刻意出于"殖民的目的"，不过是将白人社会酗酒的那一套传播了出去。

在白人征服印第安人领土的过程中，威士忌确是一把利刃，但它与天花不同，并不是那种刻意使用的武器，虽然有些活动家对此持有截然相反的观点。威士忌是苏格兰文化和爱尔兰文化中必不可少的重要组成部分，它在西部的扩张事先没有任何的计划和道德考量。威士忌到底会给白人和印第安人带来怎样的影响，没有人知道，也无法预测。在西部边疆饮酒，成了一种慰藉和目标。它给双方都造成了巨大影响。西方流行的回转门沙龙的说法，很是到位。许多男人连着喝了四五天，便神志不清。威士忌是让人忘却自我的理想药物。它药效强烈，不会变质，而且能让你很快就变得连自己都不认识，成为一个疯子。威士忌是第一款在北美各地都广受欢迎的酒，是夹杂着恐惧与愉悦的烈酒。此后数十年的禁酒运动，也只是反对过量饮用威士忌对社会秩序的影响。

也许有人会说，禁酒令的目的在于打压边疆地区百姓对法律的漠视，令其归服顺从。果不其然，禁酒令让所有问题愈演愈烈，但其论调和伊斯兰教的那些主张却有几分相似。哲学家约翰·格雷口中"美国对享乐所发动的战争"，其根源并不只是世代相传的清教主义，而是内心对于那些嗜酒如命的边陲百姓的否定和排斥。

可是，威士忌从个人层面上来讲，在怀旧者的心中并不能唤起对历史的沉思。童年圣诞节时金黄色的热托蒂（toddy），为病恹恹的漫长午后和夜晚带来了温暖。我敢说，对于孩子而言，再没有什么饮品比热托蒂更加神秘了。虽然它让人反感，但外表看上去却又那么诱人。热托蒂是将威士忌倒入牛奶中，回味中夹杂着烟熏的气息，再倒入热水、柠檬汁和糖充分搅拌调制而成。入口时我心里很明白，这一杯酒下肚，人会有些神志恍惚。所以没准，威士忌才是我人生的第一杯酒，这也是我第一次体会到精神恍惚和自我抽离是一种什么样的感觉，我无法评判那几位酒鬼叔叔算不算得上是苏格兰威士忌的行家，但威士忌绝对算是他们钟爱的饮品和心中包治百病的灵药。我的母亲总是拿着一杯威雀威士忌，从不离手。而到了圣诞节，就换成配有艾拉岛麦芽威士忌的黑雀威士忌。撇开那些与手工啤酒有关的言论不谈，威士忌终究是以英语为母语的民族所创造的唯一一款酒中上品。对于爱尔兰人和苏格兰人而言，威士忌属于"我们"，它深入骨髓，是我们赖以回顾过往的纽带，绚烂得令人眼花缭乱。

艾拉岛上，波摩（Bowmore）最好的酒吧位于路荷喜德酒店，透过长窗便可以俯瞰整个因达尔湾（Loch Indaal）的美景。这里有鲜虾鸡尾酒色拉配黑面包、麦芽酒蘑菇牛肉派配几打兰的卡尔里拉威士忌（Caol Ila），以及那浸到骨子里的伤感气氛。夜晚的酒吧更加迷人，海湾退去的浪潮淹没在夜色之中，角落的吧台围坐着上了年纪的本地人，他们觥筹交错，推杯换盏。远离那些酒厂游客的纷扰，这里真是一个能细细品味侏罗威士忌和年份更久的阿德贝哥威士忌（Ardbeg）的好去处。波摩奇特的圆顶教堂，还有麦克塔格特娱乐中心，在这里统统可以抛诸脑后。饮酒的过程平静而缓慢，仿佛陷入了沉思。那群来自日本的酒保带着雨衣走了进来，他们试图通过蹩脚的英语与岛上的居民攀谈。对苏格兰威士忌的喜爱，拉近了他们彼此之间的距离。那种察觉不到的亲切感，让他们感到很困惑，就像连他们自己也弄不明白日本为何能够跻身全球最大的威士忌生产国和消费国之一。其中一位日本人告诉我，对凯尔特人传统的蒸馏酒趋之若鹜，这是"亚洲人的通病"。但我了解到的是，位于京都郊外的山崎酒厂是日本第一家酒厂。它之所以选址在山崎，是因为该地区拥有世界上最纯净的、连茶道大师千利休也青睐有加的水源。如今，这家酒厂已经隶属三得利公司。没错，我相信，出色的威士忌取决于当地的水源！各产区所出产的威士忌后劲也不尽相同。水源不同是一方面，酒徒间的差异也同样重要。日本的酒徒往往目光锐利，滔滔不绝，嘴唇湿润，头微微前倾。整个醉酒的过程好似慢动作。而在我身上，苏格兰威士忌会产生一种玻璃般的透亮感觉，但那纯粹是内在的东西。人的心志变得透彻坚定，开始奋力划水，朝前游去。身未动，语已出。话说出口，又收回，喋喋不休。这便是典型的爱尔兰人。

· · ·

威士忌在东方也有着一种神秘的魅力。我记得，曼谷阿索克区一栋购物大厦的一楼，有一个玻璃展柜，里面放着一本皮面精装的亚历山大·获加爵士调酒笔记，还有一只可追溯至 19 世纪的酒瓶，如同佛龛里供奉着的宝物。那架势，仿佛展出的是一件法宝或圣物似的。这些年来，尊尼获加的神话仍在续写：年销售量高达 1.3 亿瓶，销售网络遍布全球各个国家；方形瓶身上呈 24 度角倾斜的酒标，如同古驰手包和赛百味三明治那样，极具辨识度。从贝鲁特到新加坡，尊尼获加不同颜色的酒标都深受欢迎，无处不在。

再回到贝鲁特。有天晚上，我受邀参加一位逊尼派建筑业富豪所举办的晚宴，地点是一间位于五楼的豪华顶层公寓。公寓里除了贝鲁特风格的豪华垫子，丰富多样的果盘、油，还有一躺下去就深陷其中无法自拔的流苏沙发。公寓的装潢以欧式风格为主，类似于巴黎郊区，有点像圣日耳曼昂莱和昂吉安莱班的别墅，或是米兰郊区的公寓，总之是工业资产阶级展示其糟糕品位和对物质快乐极端认知的地方。晚餐的气氛很愉快，让人觉得即便饭后立马掏出一支雪茄来抽，也不会招致任何反感。男主人年近六旬，妻子漂亮而又聪慧，比他年轻二十岁。他们开着玩笑，笑得乐不可支。富有的他们，常常周游世界。晚宴的那天刚好是感恩节。他们烤了一只很大的火鸡，还在火鸡肚子里塞上了填料。配菜有蔓越莓果酱、肉汁和烤土豆。整个氛围诙谐而又轻松，宾客们聚在一个摆着各式酒饮的餐柜旁喝酒。男主人和女主人是穆斯林，都不喝酒。这些酒全部是为宾客们准备的。不论是金汤力，还是樱桃鸡尾酒，都一一调制好，摆在餐柜上，一切显得温文尔雅，散发着优雅自然的魅力。

就在我们等着开饭的时候，男主人把宾客们聚拢在沙发旁，同大家分享他在贝鲁特各个角落所见到的最奇特的广告牌，并询问我们中是否有人也注意到同样的广告牌。那些广告主要是为了推广刚刚上市的一款类似于红牛功能饮料的本土饮品。就是这个。他从冰箱里拿出了一罐饮料，展示给我们看。这款饮料的名字叫作猫咪[1]。

"你们觉得我在开玩笑？只有在黎巴嫩，只有在这个国家，才会允许一款功能性饮料叫这个名字。想想看，这放在埃及或是海湾国家可能吗？而这样的广告却能遍布贝鲁特各个角落。无论我走到哪里，都能看到。不是吗？难道他们以为黎巴嫩人不明白这个词的意思？"

"没错，"其中一位女士大声说道，"我今天看到一辆卡车往黎巴嫩山上开去，车的侧面印有'猫咪'字样。当时我还在想……"

"你们明白了吧？只有在黎巴嫩，才会发生这样的事。到底是哪个天才想出来的名字？"

大家哄堂大笑，然后开始大声叫喊。

"到处都是猫咪广告牌。"男主人叹了一口气，身体向后一靠，迎上我的目光。

"现在你明白我们是什么样的人了吧。棒极了。"

他的语气中夹杂着世故和率性。享用完正宗的美式感恩节大餐

1　英文中 Pussy 常指女性私处，带有性暗示。

火鸡加苹果派后，接下来该轮到美酒出场了。男主人从一只饰有丝绸衬里的木桶中取出几瓶尊尼获加蓝方来招待客人，在贝鲁特，蓝方算是市面上比较常见的。这么一瓶苏格兰调和威士忌要价 2000 美元，实在是高得离谱。可在这里，威士忌更多的是一种身份的彰显，是融入国际消费者群体的一种佐证，高昂的价格恰恰是构成其吸引力必不可少的部分。

可我还是更爱单一麦芽威士忌，所以选了亚力酒。餐桌上几位年纪大的商人讲述了自己近来听说的一些传言。据说，有一批尊尼获加新品正在向全球顶级富豪发售，价格比蓝方更加高昂。

啊，尊尼获加。他们喃喃自语道，流露出赞许之情。不愧是最神秘的威士忌之王！就连滴酒不沾的穆斯林，对尊尼获加也有自己的一番见解。另一位 80 岁左右的客人，同样从事建筑业，他讲述了在连通沙特阿拉伯和巴林的一条堤道上所见的景象。他说，那条堤道的中点处设有一家小客栈，专门为那些醉得不省人事的沙特返程司机提供住宿和看护直至酒醒。值得注意的是，沙特人的嗜酒如命，在中东地区已是众所周知的事实。细想想，这并不是件光彩的事情。醉汉们在巴林花天酒地一番后，如瘾君子般挤在一起，但不是同性恋癖好和同志式友谊。见不得人的欲望在乱糟糟的旅馆客房，激烈粗暴的场面，在堤道上的小客栈中体现得淋漓尽致。

然而，对于那些生活在更加开放包容的国度的穆斯林来说，比起好酒贪杯，沙特人的民族形象更令人瞠目。之所以会这么说，是因为沙特街角的商店没有猫咪饮料或是尊尼获加蓝方，因为他们没有生活在黎巴嫩，更是因为他们不懂如何克制自身的欲望。酒是欲望的象征，威士忌尤其如此，它是欲望的极致体现，为人所诟病。

男主人说道："瞧瞧，我身旁有这么多尊尼获加。我有抵不住诱惑和你们一同举杯吗？没有，我不为所动。看到大家喝得开心，我打心底里高兴。可我自己对酒没有什么特别的感情。倒不是因为酒被明令禁止，而是我心中已经笃定了要做什么，不做什么。所以不会纠结。我不会因为尊尼获加是魔鬼撒旦的化身或者因为你们，因为西方而讨厌它。刚才我们还吃了火鸡配蔓越莓果酱呢。这难道不是美国的一大象征吗？我们可以包容和接受一切事物，酒也不例外。只是它不适合我们。所以我们把它静静地搁置在一旁。好了，尽情享用你们的苏格兰威士忌吧。"

14
一路向西

—

East

into

West

偏远省份的酒吧里挂着苏丹的画像，
客人会在尊重的吧台旁坐下，
点上一杯特别离民酒。

我花了很多年的时间来考虑搬家这个事。母亲去世后，我终于在伊斯坦布尔拥有了自己的一个小窝。它坐落于艾提雷（Etiler）北郊和古老的亚美尼亚村落阿尔纳武特科伊（Arnavutköy）之间的一座山丘上。到了晚上，便能望见奥塔科伊（Ortaköy）桥上绚烂的灯火。海鸟成群结队地在柏树和清真寺的石头尖塔上空盘旋。清真寺位于山谷一侧，向下延伸是博斯普鲁斯海峡。六个月的旅行计划，延长至一年，甚至更久。起初只是来这里游历，可没成想就这么一直住了下去。在这儿喝酒，一晃就过去了好多年。

有些地方本就适合隐居和苦修，而在这些地方，人注定要孤独自处。母亲过世期间，我搬到了伊斯坦布尔居住。参加完在英国举行的葬礼后，我又回到了这座城市。每日清晨 5 点，宣礼声准时将我唤醒，我却没有意料中那般怒不可遏。清真寺的尖塔上装有一个扩音器，其音量之大，足以让人从睡梦中惊醒，摒弃所有杂念。我并不信仰伊斯兰教，可有那么几分钟，我还是不得不全神贯注地聆听那宣礼声。吟唱至高音处，似乎有停下来的架势，我本想借着睡意蒙胧入梦，来个回笼觉。可紧接着，宣礼声又再次铿锵有力地响了起来，扰得我不得不再次竖起耳朵，聆听那时高时低的曲调，宛如古老沙海传来的遥远回声，极尽痴狂。那几周我都睡得不踏实，噩梦萦绕，也滴酒未沾，全部的心力都用来思考死亡和身后事。

艾提雷是伊斯坦布尔国际化程度较高的地区之一，算是富人区。尼斯贝帝耶大道上分布着各式各样的酒吧和餐馆，往上走一些便是阿克梅尔克兹商场。这里没有苏丹艾哈迈德区那样的饭馆需要蹩脚英语来招徕顾客，没有在橱窗里制作面食的"部落"妇女，更没有独立大街上的传统酒馆，可以就着烤煎饼享用拉克酒，感怀人在异乡为异客。艾提雷与伊斯坦布尔南部的莱文特（Levent）类似，但却更为西化。这一切并不是为了展现给西方人看，而是为了生活。

虽然仅有百分之六的土耳其家庭有饮酒的习惯，但土耳其最出名的莫过于它是世界上唯一世俗化且允许饮酒的伊斯兰国家，"西化程度"高。土耳其国父穆斯塔法·凯末尔·阿塔图尔克喜欢喝酒，因过量饮用拉克酒（Raki，由土耳其改良的亚力酒）而去世。这种说法很有可能是真的。

但近年来，土耳其总理雷杰普·塔伊普·埃尔多安所领导的正义与发展党，开始就饮酒一事对自由主义进行打压。一方面，在媒体报道中或多或少地禁止使用与酒有关的图片；另一方面，又抬高酒税，原先一瓶只要 8 土耳其里拉（约 5 美元）的拉克酒，如今要花 35 美元才买得到。政府方面则驳斥称，他们并没有限制土耳其公民的自由，欧洲政府同样征收酒税，并对酒水消费和形象进行管控。不过，埃尔多安曾公开表示不能理解人们晚餐时饮用葡萄酒的做法。他们为什么非得要喝葡萄酒？他说："为什么不直接吃葡萄呢？"

在中部较为保守的地区，城镇里的酒吧全部停业，营业执照不再更新。虽然无法列举实证来证明这一点，但伊斯坦布尔和贝鲁特确实大有不同。在贝鲁特，能喝到世界各地的葡萄酒，而且价格低廉。而在伊斯坦布尔，葡萄酒不仅价格昂贵，质量也不算上乘，连法国葡萄酒都难得一见。即便去贝贝克街区时髦前卫的海鲜餐厅用餐，能点的酒也不过是布兹巴格[1]、卡瓦克里德雷[2]，葡萄品种不过也就安纳托利亚中部的娜琳希[3]和奥古斯阁主[4]这几样，再没有其他的了。

政府拥护者占人口的大多数。他们强调，政府对酒水征税并限

1　布兹巴格（Buzbag）是一款产自土耳其的葡萄酒。
2　卡瓦克里德雷（Kavaklidere）是土耳其第一家葡萄酒生产商，葡萄园分布在爱琴海、安纳托利亚中部和东部等地。
3　娜琳希（Narince）原产自土耳其中北部的托卡特产区和耶斯里尔马可河，是土耳其重要的白葡萄品种之一，果实呈黄绿色，皮薄，酸度高，属于晚熟品种。
4　奥古斯阁主（Okuzgozu）意为"公牛的眼睛"，原产自土耳其埃拉泽省，是土耳其重要的红葡萄品种之一，果串大且紧凑，果皮颜色深，属于中晚期成熟的葡萄品种。

制酒类广告（奶酪、梅泽[1]等传统佐酒食物的广告中不得再出现酒）是完全正当合理的。主要的理由有三条：第一，该举措深得民心，政府不必再为伊斯兰教义的规定而两难；第二，喝酒有害健康；第三，喝酒无非是为了享乐，而土耳其人对享乐的态度本就褒贬不一。

• • •

从卡拉科伊（Karaköy）或加拉塔（Galata）昏暗的街道漫步而过，头顶传来阵阵海鸥的歌声，1600年前庆祝布鲁马利亚节（Brumelia）的仪式，想必也是在海鸥的萦绕中进行的。虽然当初废止布鲁马利亚节的是基督教，可即便是换作伊斯兰教，他们也断然不会容许这样的节日继续存在。君士坦丁堡的一切井然有序，一神论便是在这座大都市里第一次被确立为国教。从塞利姆三世的军械库出发朝着吉汉吉尔（Cihangir）走去，回望整座城市，你将看到一条彰显着一神威严的天际线。赫尔曼·梅尔维尔[2]前来参观时，就曾将清真寺的一座座尖塔比作墓地旁围绕着的修长挺拔的柏树。

没有君士坦丁堡，便不会有世界范围内广为传播的基督教。在奥斯曼帝国的统治下，这座城市一度被誉为"幸福家园"。在这里，

1　梅泽（Meze）在土耳其语中是前菜的意思，种类繁多。
2　赫尔曼·梅尔维尔（Herman Melville，1819-1891），象征主义文学大师，美国19世纪最杰出的小说家之一。代表作为《白鲸》。

异教世界被画上了句号。酒神亦长眠于这里。无论是查士丁尼大帝的上帝，还是征服者穆罕默德二世的真主，这座石城都将唯一神的威严冷峻展现了出来。帕特里克·雷·弗莫尔[1]在《马尼》(*Mani*)一书中，曾用"饱受钟声折磨"和空虚来形容自己思考长久以来被误读的拜占庭式精神时的感受。

这座城市之所以会给人如此沉重的感觉，不只是因为砖墙瓦石，更是因为那份深深埋藏在潜意识深处的集体回忆。昔日庆祝布鲁马利亚节的希腊人尚未远去，他们的灵魂早已融入并流淌在这座城市的血液之中。

对于那些生活在这里的人来说，伊斯坦布尔虽然繁华前卫，却实在难掩其错综复杂、难以捉摸、如迷宫般隐秘而内敛的真实面貌。那稍许的忧伤，恰恰正是其魅力所在。所以说，豪饮拉克酒带来的并不是快乐，而是沉思和内省。此外，它还可以治疗伤痛。

即使身处伊斯坦布尔，寻觅酒吧时我依然将路易斯·布努艾尔的劝诫牢记在心。可在这里，人们终归还是会回到佩拉宫酒店[2]的。

1　帕特里克·雷·弗莫尔（Patrick Leigh Fermor, 1915-2011），作家、学者，被认为是英国最伟大的旅行作家。
2　佩拉宫酒店（Pera Palace），始建于 1892 年，是伊斯坦布尔城市文化的象征。海明威、阿加莎·克里斯蒂、希区柯克、凯末尔等众多名人都曾在此下榻。

这家酒店的著名酒吧刚刚进行完一番毫无意义的整修。不过没关系，这儿依然是阿加莎·克里斯蒂来过的酒吧，应该知足。

　　所有游客都知道，《东方快车谋杀案》是阿加莎在这家酒店创作完成的。她喜欢在伊斯坦布尔进行文学创作，或许是为了远离那位花天酒地的丈夫。酒店大堂和宴会厅之间的沙龙，偶尔会放上一座由巧克力制成的埃菲尔铁塔模型。从圆顶到立柱，再到地毯，每一样都是奥斯曼时期的建筑和装潢风格，俨然一处美轮美奂的东方舞台。尽头处摆着一只镶嵌着珍珠母贝的大立柜，里面横放着几本牛皮书。难道刚刚有人翻阅过这些书吗？同这些充满东方风情的大厅相邻的，便是刚装修完的东方酒吧。酒吧里挂着好几幅装裱好的、绘着苏丹画像的油画，以渲染气氛，吸引客人在厚重的吧台旁坐下，喝一杯特调鸡尾酒"火星人"。

　　总之，我喜欢在佩拉宫四处走动。19 世纪的酒店建筑和装饰工艺，游客的欢乐，都已成为过往。电梯旁的墙面上挂着几幅不知名法国画家的作品，有画着少女在群鸽飞舞的公园里嬉闹游玩的，也有画着博斯普鲁斯海峡东岸的中世纪田园风光的，画面中几座凉亭悠然而立，长着胡子的男人们包着头巾，三三两两地在桑树下休憩。古老的伊斯坦布尔，就这样湮没在了 1960 年修建的高速公路里。

　　1890 年所建造的这部电梯，周身饰有旋涡状的铁艺花纹，向上通达至更高楼层，楼梯上铺着厚实的绒毛地毯，消音减噪。这些对我来说，不过是东方酒吧附属的点缀而已。冬日的酒吧没什么客人，却夜夜吸引着我前去，不只是因为酒吧里能真真切切地品尝到各式鸡尾酒的滋味。作为酒吧，布努艾尔提出的每项要求，它都符合：没有音乐，没有年轻人，没有留着胡子的男人，更没有光怪陆离的灯光。可是有一点美中不足，那就是墙上挂着的那几幅苏丹画像中，竟没有一幅是因狂喝滥饮而酒精中毒身亡的穆拉德四世。据史学家记载，穆拉德四世醉酒后，会在托普卡帕宫的窗台处朝路人举弓射箭，或是乔装打扮走上街头，持剑滥杀无辜以作玩乐。那股对于酒精的狂热，竟然在伊斯兰世界最高领袖的血液中如此肆虐张狂。

确实，那个冬天，每当我独自坐在东方酒吧，就时常会想起穆拉德四世。毫无疑问，穆拉德四世是奥斯曼时期最不可思议的人物之一。坐在这里喝酒，又怎会不想到他呢？

穆拉德四世生于 1612 年，1623 年登上王位，28 岁时因过量饮酒而去世。1632 年，加尼沙里军团叛乱爆发，穆拉德四世果断整肃军队，并在安纳托利亚处决了两万名叛军，之后又成功侵入波斯。穆拉德四世曾下令在帝国范围内禁止饮用咖啡和酒（尽管咖啡也能"使人兴奋"，但咖啡禁令并没有维持多久）。

然而，正是这位下令禁酒的苏丹，自己却变得嗜酒如命，无酒不欢。研究伊斯坦布尔的历史学家约翰·弗瑞利（John Freely），曾这样评价穆拉德去世前几年对酒的沉迷：

> 到了统治后期，穆拉德对酒开始产生迷恋，很大程度上是受到了"醉汉"贝克里·穆斯塔法（Bekri Mustafa）的影响。历史学家德米特里厄斯·坎特米尔（Demetrius Cantemir）记载了穆拉德与穆斯塔法相遇的故事。有一天，穆拉德乔装打扮走在集市上，刚巧就碰上了醉得不省人事、满身污垢的穆斯塔法。眼前的这个酒鬼引起了穆拉德的兴趣，于是他把穆斯塔法带回了王宫。此后，穆斯塔法便向苏丹一一讲述饮酒的乐趣所在，摆脱宿醉的方法就是继续喝得大醉。没过多久，穆斯塔法就因酗酒而死亡，徒留穆拉德一人悲痛惆怅。坎特米尔这么写道：

> 穆斯塔法死后，穆拉德四世下令要求所有朝臣为其哀悼，并将遗体厚葬于一处酒馆内，摆上很多酒桶。此后，穆拉德表示自己再也没有过上一天快乐的日子。每当提起穆斯塔法，他的眼泪总是止不住地落下，从心底里发出深深的叹息。

然而，这一切并没有阻止他变成一个杀人如麻的魔头。1640 年，穆拉德四世因肝硬化而逝世，被葬于蓝色清真寺[1]的陵墓之中，其王位由弟弟易卜拉欣一世继承。易卜拉欣登上王位后，沉迷女色，荒淫无度，百姓都管他叫疯子易卜拉欣。再后来，易卜拉欣一世被加尼沙里军团废黜并绞死。他曾为了支撑奢靡的生活，大举入侵并征服克里特岛。

苏丹不仅是奥斯曼帝国世俗政权的君主，更是继承先知遗志来统领伊斯兰世界的精神领袖哈里发。穆拉德四世或许是历史上第一位因酗酒而去世的哈里发，但绝对不是最后一位。

18世纪和19世纪，土耳其人与欧洲人之间往来频繁，奥斯曼帝国在战事上屡屡败北。而历代苏丹也像迷恋洛可可风格的建筑[2]那样，在美酒中沉沦，越陷越深。穆拉德五世于1876年登基。1867年，他与叔叔苏丹阿布都拉兹一同去欧洲游历，其间迷上了香槟和白兰地，而且一发不可收拾，令其谋士失望不已。每位新苏丹的登基大典上，都会佩戴开国君主奥斯曼一世的宝剑。可穆拉德五世的酒瘾实在严重，连加冕仪式都无法支撑着走完。

1　蓝色清真寺（Blue Mosque），原名苏丹艾哈迈德清真寺，土耳其著名清真寺之一。该寺使用了大量蓝釉瓷，外观呈现美丽的蓝色。
2　洛可可风格诞生于18世纪初的法国，从巴洛克建筑发展而来。主要体现在室内装饰上。

几个月后，穆拉德五世被废黜，并于1904年因糖尿病而去世。身为哈里发，穆拉德五世终日与酒为伍。他既没有能力担当起一国之君的职责，也无法成为伊斯兰教这一禁酒宗教的领袖。

我坐在东方酒吧里，品尝着"火星人"这款绿色的特调鸡尾酒，不禁想起了过往。在东方酒吧，只要是看上去大手笔的客人，就能免费获赠特调鸡尾酒一杯。通常情况下，我点上两杯哈瓦那陈酿朗姆酒，就能获赠一杯"火星人"。晚上6点10分，我坐在长长的吧台旁，面前放着几杯黑朗姆[1]，脑海里浮现出阿加莎坐在酒吧的尽头，拿着一杯托蒂酒和笔记本工作的画面。但是有些时候，我实在不愿意坐出租车大老远地赶去市区的酒吧喝酒，就连东方酒吧也懒得去。遇到这种情况，我就会沿着艾提雷区外围的那条街，一路朝着贝贝克区走去，中间还会经过一段博斯普鲁斯海峡。公元前480年薛西斯远征希腊时，正是在这附近架起了浮桥。瓦里帕夏宫（Valide Pasha Palace）坐落于海滨，其北面一带分布着海鲜餐厅和夜总会，聚集着众多社会名流。其中一栋是贝贝克酒店，它临水而建的酒吧与远处富丽堂皇的殿宇和巴洛克风格的花园遥相呼应。

1　朗姆酒按颜色分为黑朗姆（Dark rum）、白朗姆和金朗姆三种。其中黑朗姆指在生产过程中加入一定的香料汁液或焦糖调色剂制成的朗姆酒。

夜晚，我独自一人走在去贝贝克酒店的路上。虽然心里有些害怕，但是穿行在郁郁葱葱的山林间还是让我心旷神怡。我走在村舍与松树之间蜿蜒曲折的山路上，偶尔会碰上几只冲我狂吠的流浪狗，土狼一般尾随着我。有好几次，我都为了自卫，不得不朝它们扔石头。拜伦不是也在书信中抱怨过伊斯坦布尔凶恶的狗群吗？这都只是为了去贝贝克酒店的酒吧露台上喝一杯金汤力。我发现，吧台后面的玻璃橱柜里放着一瓶威雀威士忌。若换作西方国家同样时髦的酒吧，是断然不会见到这款威士忌的。

虽然从来没有喝过威雀威士忌，但每晚在点金汤力前，我都会先点上一杯威雀，当作一种缅怀。威雀威士忌曾是母亲生前最爱喝的酒。我手里端着一杯威雀，独自走到室外的露台上。现在是冬天，露台上就只有我一个人。我望着被灯光照亮的海水，只见数百只海鸥停在海面上，水面以下悬浮着一层闪闪发光的水母。再往下，成群结队的银鱼在浅绿色的海水中欢快地游动着，被灯光照个正着。海峡另一头的亚洲，此时已是灯火辉煌，亮光中一面土耳其国旗迎风飘扬。两岸之间的水域上，一艘艘壮观的巨轮经过，驶向它们的目的地奥德萨市（Odessa）。

我开始意识到自己对母亲其实并不了解。我舌头上含着一口呛人的廉价威士忌，望着眼前安静地栖息在水面上、被灯光照亮的一群海鸥，母亲仿佛又回到了我的身边。她在布莱顿皇家萨克斯郡医院去世的前一晚，疾风暴雨。我在病房里陪了她一整夜，侄女打着地铺睡在地上。那个时候，母亲因注射吗啡陷入了昏迷。虽然脉搏仍在跳动，但她内心深处或许已然自己时日无多。对于突发性致命疾病的种种情形，我一无所知。医生们将胰腺癌称作"安静的刽子手"。母亲在确诊四天后便匆匆离世。死亡的快速降临，又何尝不是一种宽容和解脱。可也正因为如此，让人捉摸不透。我连和母亲道别的机会也没有。或许，母亲也不想与我们道别吧。她向来不喜欢多愁善感，和所有内心深处感性的人一样。

遗憾的是，我没能同她一起最后喝一杯威雀威士忌。我只能在伊斯坦布尔贝贝克酒吧的气氛中，独自饮下一杯威雀。这里有打着蝴蝶结领带的酒保、印花布扶手椅，还有吧台上玻璃碗里的青柠。

母亲生前很喜欢博斯普鲁斯海峡，或许是因为拜伦勋爵曾游渡过这片海峡，也或许是因为拜伦对海峡的喜爱，在其作品《唐璜》的字里行间一览无遗。事实上，是母亲让我明白，博斯普鲁斯海峡与英国之间有着颇为深远的渊源，它为无数英国乡村男女提供了创作灵感。从某种程度上来说，这就是他们眼中的希腊精神，但这同时也是奥斯曼式的安逸和闲适，或许还带着几分奥斯曼人在帝国后期的落寞，与直到郁金香时代 [1]，纵情狂欢的满月晚宴之上才有所释怀的哀伤。

　　艾哈迈德三世时期，英国驻奥斯曼帝国大使的妻子玛丽·蒙泰古夫人深爱着伊斯坦布尔，她所留下的书信中更是充满了溢美之词。诗人拜伦毫不犹豫地在自己的作品《唐璜》中提到了她：

　　　　欧罗巴和亚细亚的两岸对峙，

　　　　楼台和宫殿栉比；三两只炮舰

　　　　在海峡游弋。索菲亚教堂圆顶

　　　　闪着金光，还有皑白的奥林比山，

　　　　柏树林，十二名岛，以及那一切

　　　　我难以想象的，更难以历述完；

　　　　就是这片景色使玛丽·蒙泰古

　　　　那风度迷人的才女也被迷住。[2]

　　母亲之所以对伊斯坦布尔情有独钟，是因为这座城市有大海的

1　奥斯曼帝国苏丹艾哈迈德三世统治的时期（1718-1730）被称为郁金香时代（Tulip Era）。

2　引自《唐璜》，〔英〕拜伦著，查良铮译，人民文学出版社，2007 年。

波涛奔涌而过，到处都有自由飞翔盘旋着的海鸥。也正是因为这一点，她才会选择在紧邻英吉利海峡的霍夫（Hove）生活。伊斯坦布尔接纳了她的亡灵，抑或是她的亡灵来到了这片土地上。土耳其人连连安慰我，这样的事情很正常。去世的母亲总是要回来看看自己的孩子过得是否安好的。

博斯普鲁斯海峡旁的如梅利堡垒（Rumeli Hisari），由穆罕默德二世于1453年兴建而成，目的是切断君士坦丁堡的粮食供应。如梅利堡垒脚下坐落着可以喝拉克酒的如梅利酒吧餐厅，很是出名。夜幕降临后，你可以坐在露台上，一面俯瞰公路，一面仰望着那通往亚洲、闪烁着棒棒糖般五彩光芒的欧亚大桥。这真是一个细细品味拉克酒、体会个中差异的好地方。

有一种拉克酒叫新拉克（Yeni Raki）。与采用葡萄渣发酵酿制而成的传统拉克酒不同，新拉克采用的是甜菜。与乌佐酒、法国茴香酒、亚力酒和苦艾酒等带着茴香风味的酒一样，新拉克可以不加任何冰块直接饮用（土耳其人用法语中的 sek 一词来形容这种喝法），也可以兑入冰水后再饮用。当然，加水会使酒发生乳化反应：往一块方糖上滴灌冰水，当冰水注入苦艾酒中，一朵乳白色的云雾立刻升腾起来，让苦艾酒那迷人的绿色变得若隐若现。苦艾酒常常被称作"绿精灵"。

饮用拉克酒时，我总会不由自主地想起调制苦艾酒时所用到的精美漏勺，将方糖置于漏勺的孔隙之上，好让冰水滴入酒中。拉克酒的调制方法有所不同。作为一款酒精含量较高的茴香酒，拉克酒在土耳其受欢迎的程度不亚于 19 世纪末风靡法国的苦艾酒。有趣的是，拉克酒也是在同一时期流行起来的。当时，奥斯曼社会开始实现自由化，争相模仿欧洲。拉克酒是苦艾酒的姊妹酒，可以说两者都是该时期的产物。

到 1915 年，西方各国纷纷禁止出售苦艾酒，起因是苦艾酒中含有可能对人体有害的化学物质侧柏酮，苦艾酒被谴责为一种会对精神产生影响的药物。拉克酒则成为世界上第一个世俗化伊斯兰国家土耳其的国饮。但是，从成瘾性、精神活性和酒精浓度的角度来看，拉克酒和苦艾酒实际上并无差别。

苦艾酒最开始是在法国军队里流行起来的，类似于汤力水中的奎宁被用于预防疟疾。至于苦艾酒为什么会在 19 世纪末落得这么个坏名声，实在很难说清。酒精含量高达 50%~75% 的苦艾酒，能让每个喝它的人都醉倒在地。拉克酒的酒精含量通常略低于 45%，但已足以让那些喜欢大口闷酒的人感到晕头转向。

公开场合显露醉态，这在土耳其并不多见。夜晚走在塔克西姆商业区附近的街道上，或是塔尔拉巴斯危险的交叉路口，偶尔会有那么一个醉汉碰撞到你。但大多数情况下，他那痛苦、孤独而又落寞的身影，那社会桎梏下缺乏自由的呆板和克制，都会让你深受触动，他不会像伦敦街头野蛮的醉汉那样不由分说地对你拳脚相加。在这里，暴力行为确实存在，但却似乎多了几分冷静和收敛。不过这样的情景，是断然不会发生在酒店餐厅的露台上的。因为在这里饮用上等拉克酒，需要的是全神贯注地投入其中，细细地品味和揣摩。

我喜欢喝加了水的拉克酒，喜欢一加水，服务生就会主动走过来，优雅地用钳子夹起一块冰放入杯中。酒被冰镇了下，顿时泛起一层白雾。我的新拉克已经准备好，接下来要好好做个白日梦了。

我拿起冰块放入酒中，不禁想起 1630 年爱维亚·瑟勒比（Evliya Çelebi）记叙的各类拉克酒。瑟勒比是奥斯曼著名的旅行作家，其创作的《游记》一书很精彩，却言辞夸张。游记中除了描述奥斯曼帝国的亚洲各省份外，还更为细致地介绍了他的故乡君士坦丁堡。我总会忘记奥斯曼时期这座城市的名字并不是伊斯坦布尔。

瑟勒比是一位禁酒主义者。义愤填膺的他，不顾伊斯兰教义里沾一滴酒（用他自己的话来说）亦是罪孽深重的训诫，将伊斯坦布尔各地售卖的拉克香蕉酒、拉克肉桂酒和拉克丁香酒一一历数，并宣称当时的伊斯坦布尔共有一百家酒厂。他对酒的产量尚且言过其实，所谓的消费量只怕也是夸大其词。

加拉塔（Galata）位于金角湾的尽头，是一处以意大利居民为主的欧式街区。下面这一段描述，便将瑟勒比看到加拉塔酗酒之风盛行后的震惊之情勾勒了出来：

> 加拉塔分布着两百家酒馆和酒舍，到处都是奏乐宴饮的异教徒。这些酒馆备有来自安科纳、穆达尼亚、土麦那、忒涅多斯岛的葡萄酒，颇有名气。用诱惑一词来形容，实在是恰如其分。酒馆里日夜狂欢，嬉闹玩耍、跳舞助兴的男孩们，还有那些装傻扮丑的，统统聚在一起欢歌热舞。我穿行在加拉塔的街头时，目睹众多醉汉光头赤足、不省人事地躺卧在大街上，其中几个大声嚷嚷着自己喝醉了，嘴里还哼唱着双行诗："红宝石般的美酒，让我醉倒在地！带着镣铐的囚徒，我竟如此疯狂！"另一个唱："双脚迈向酒肆寸步不离，手中紧握杯盏从未放下。布道训诫从来充耳不闻，唯有美酒低吟令我陶醉。"

瑟勒比不止一次地澄清，他在书中记叙种种怪象，是为了自己的朋友。但有一点需要记住，瑟勒比曾是穆拉德四世的亲信，因在 7

小时内背诵整部《古兰经》而深受苏丹器重。对于酒，瑟勒比或许并不像他表面粉饰出来的那般陌生。书中天马行空的瑰丽风光，透出些许的醉意。其中有一个章节，很出名，讲的是瑟勒比回忆梦中见到先知时的情景。他写道，先知的双手柔软得仿佛没有骨头似的，周身散发着阵阵玫瑰的香气。这样的笔触和文字，或许是瑟勒比在某个夜晚喝了拉克肉桂酒后信笔写下的。

时至今日，面对不同种类的拉克酒，我也只能粗浅地品个大概，还达不到能鉴赏的程度。与亚力酒相比，拉克酒多了几分忧伤和黯然，其中缘由又有谁能知晓？拉克酒与苦艾酒更为相似，唯独少了"绿精灵"的精致仪式感。

毋庸置疑，上等拉克酒带有一股沁人肺腑的芳香，让人不由自主地带着淡淡的忧伤，平和柔软起来，宛如玻璃酒杯中倏忽升起的白雾。拉克酒是最适合内省和思考时享用的。"多么美妙的佳酿啊，"凯末尔谈到拉克酒时，言语中带着一丝遗憾，"它令人诗意勃发。"可惜，他最终没有成为一位诗人。

无论身处何处，美酒的诱惑都让人难以抵挡。日复一日地生活在礼节的桎梏和束缚之下，人们自我麻醉，总会选择那切切实实、看得见摸得着的东西。

一天晚上，萨姆耶利·索卡克街的尽头出现了一块新的广告牌，就挂在路口转弯处。这是艾菲（Efes）啤酒的广告牌，背景是明亮的蓝色。最不可思议的事情发生了，一家酒水专卖店即将开业。

崭新的橱窗里摆满了各式各样的酒，其中最显眼的要数奥美加龙舌兰[1]和几个我从未听说过的金酒品牌。店主似乎是一对小夫妻。每次我从店铺门前走过，他们都会热情地朝我打招呼，用土耳其语中的"您好"问候我。他们的意图很明显，希望多招徕一些住在附近的客人，而我这个外国佬正是他们努力争取的对象。不止如此，他们还坚持通宵营业。不过，这家开在家门口、随时都能喝到伏特加和龙舌兰的小店，却似乎很少有客满的时候。这就有点像24小时营业的色情商店，做的都是那些懂规矩的熟客的生意。

每晚，我都会去海边喝拉克酒。回来时，我还没有完全喝醉，整个人踉跄着爬上陡峭的山坡，从亮着灯的橱窗前走过。老板娘独自坐在店里，嚼着薯片。有那么一瞬间，我们四目相对。她的眼神仿佛在说："进来喝一杯吧。"奥美加龙舌兰的诱惑，她再清楚不过。"还是算了。"我用眼神作了回应，继续往前走。可心里还是暗自庆幸，现在随时都能买到奥美加龙舌兰了。"你可不知道喝了龙舌兰我会醉成什么样。"

1　奥美加（Olmeca）是混合型龙舌兰酒品牌，产自墨西哥，有金龙舌兰和银龙舌兰两款。

对于酒徒而言，伊斯坦布尔不为人知的另外一面是无法忽视的。近乎异端的苏菲派（Sufism）和其他教派，被误打误撞地归入了土耳其和奥斯曼帝国所奉行的正统伊斯兰教名下。苏菲派的发源地并不是土耳其，它在波斯达到发展巅峰。鲁米[1]和哈菲兹[2]是苏菲派最伟大的波斯诗人。其中，鲁米出生于今天的阿富汗地区。

当年，蒙古入侵，鲁米一家被迫迁往西部，并最终在罗姆苏丹国境内的科尼亚（Konya）安顿下来。如果说哈菲兹是设拉子（Shiraz）的一代文豪，那鲁米就是科尼亚的诗坛骄子。鲁米在科尼亚担任教职工作。也正是在这里，他遇到了那位改变他一生的托钵僧舍姆斯丁·穆罕默德·大不里士（Shams e-Tabriz）。

科尼亚是现代土耳其最为神圣的城市之一，土耳其人也因此将鲁米视为同胞。他所创立的以"旋转"托钵僧为象征的梅乌拉那教团（Mevlevi school）就诞生于科尼亚，其宗教仪式托钵僧旋转舞（*sema*），如今已成为土耳其著名的旅游景观。

1　鲁米（Rumi, 1207-1273），伊斯兰教苏菲派神秘主义诗人，被誉为波斯诗坛四柱之一。
2　哈菲兹（Hāfez, 1320-1389），波斯抒情诗人，一生创作了500多首诗歌，被誉为设拉子夜莺。

苏菲派以美酒隐喻最崇高的爱，其诗文多以歌颂和赞美醉态、酒肆、杯盏和酒后失仪为主，所有的隐喻到了他们笔下都变得生动起来，有如身临其境。

鲁米写道：

> 来啊，来啊，唤醒所有醉汉！
> 倒上生命之酒
> 喔，斟上永恒之酒的人儿啊，
> 现在把酒从永恒之罐里倒出来吧。
> 酒不会顺着喉咙流淌而下
> 却会让人变得口若悬河。

苏菲派用美酒来象征让灵魂陶醉的爱，以酒杯隐喻身体，用斟酒者来展现真主的仁慈，以"宿醉"来烘托爱的长久。

画像里的哈菲兹总是以一副醉态，出现在设拉子酒肆聚集区哈拉巴特的酒吧里，身边围绕着妖娆的侍酒女郎。在今天的设拉子，昔日酒肆聚集的哈拉巴特区已难觅踪迹。而在什叶派苏菲主义诗歌中，还有一位鲜为人知的伊玛目，被称为圣者哈拉巴特（Pir-e Kharabat）、哈拉巴特长老或伟大的酒徒。

哈菲兹写道：

斟酒的人儿啊，清晨已经到来，请在我的杯中斟满美酒。

快啊，神圣美好的光景可不等人。

在这瞬息万变的世界毁灭之前，

请先用玫瑰色的美酒将我灌醉。

美酒的旭日从杯盏的东方升起。

将梦境抛下，追寻生活的乐趣吧。

当那一天到来，我的骨灰被制成酒坛，

请务必在我的颅骨中盛满美酒！

虔诚、忏悔和布道与我们无关，

还是赐予我们一杯纯净的佳酿吧。

喔，哈菲兹，崇拜美酒是多么高尚的使命；

站起来，朝着神圣的使命坚定地前进吧。

　　一天晚上，我的朋友、法国伊斯兰学者塞巴斯蒂安·库尔图瓦带我参观努雷丁·色拉赫清真寺（Nurettin Cerrahi Tekkesi）。这是 17 世纪时圣徒色拉赫·哈勒维提（Cerrahi Halveti）创立的一支鲜为人知的托钵僧支派。圣徒哈勒维提的神祠，坐落于宗教氛围浓郁的贫穷街区喀拉冈杜兹的后街小巷中，距法提赫清真寺不远。法提赫（Fatih），或者说法提赫的部分地区，已经成为伊斯坦布尔宗教思想最为保守的地区之一。伊斯兰复兴运动也正在喀拉冈杜兹（Karagunduz）等地区悄然萌芽。

我们冒着大雪，步行去清真寺，一路上经过很多纺织品商店，一些咖啡馆里水汽萦绕，还向几个水果摊问了路。清真寺在一条昏暗的小巷里，门口站着几个身穿黑衣的胖女人，伸出手来向前来参拜的信徒乞讨。进门后，是一条长长的过道。透过装有铁条的窗户，我们瞥见了圣徒哈勒维提的圣所和神祠，里面铺着深红色的地毯。走至一处小客厅后，参拜者开始分成男女两列，纷纷脱鞋。女士们踩着石阶上楼，来到一个有着隔板的走廊。在那里，可以清楚地看到楼下主祈祷室的情况。

塞巴斯蒂安带我走进第一间祈祷室。周四的夜晚，祈祷室里人头攒动。男士们清一色地戴着白色的无沿边帽，聆听着用阿拉伯语诵读的《古兰经》，诵读声通过小型扩音器辗转传至其他祈祷室。祈祷室的墙壁上挂着镀金装裱过的《古兰经》经文，以及用旧式照相机拍摄的历任长老的照片，旧照片里有着长老们狂热的脸庞。男士们双膝跪地，俯身向前，开始祈祷。我和塞巴斯蒂安陆续走进其他祈祷室，最后来到富丽堂皇、通往主祈祷室的厅堂。参拜者纷纷涌了过来，试图挤进主祈祷室。只见一位伊玛目正站在一面深蓝色的伊兹尼蓝瓷砖墙前诵读经文。主祈祷室里每盏灯的边缘处都饰有绿色的玻璃珠。

这里到处都是头戴白帽、身穿牛仔裤和工作服的本地人。墙上除了放置古笛的架子、装裱起来的书法作品和君士坦丁堡的古画外，还有摆着陶瓷弯刀和刻有《古兰经》经文的玻璃立方体的置物架。男士们纷纷排起队来。另外一些人则坐在靠墙的小沙发上。主祈祷室里的诵读已告一段落，接下来开始唱经，听上去像是慢节奏地重复着"安拉安拉"。

所有人都在齐声吟唱。他们缓缓地把头转向左边，然后再转向右边，唱到"安拉"的第一个字节处，便和着节奏点一下头。

吟唱的速度快了起来，所有人不停地左右摇头，双目紧闭。每唱完一段，便大声呼气，如同军团突然发出的一声低吼。我和塞巴斯蒂安起身离开，朝敞开着大门的神祠走去。

男士们手牵着手，围成一个个圆圈。他们沿着顺时针方向慢慢转动，不停地左右摇头和点头，唱到同样的经文，身体便微微右倾。连厅堂里坐在沙发上的老人，也不由自主地跟着参拜者的节奏，闭上双眼，左右摇晃着脑袋，全然沉浸其中。接下来，便是宗教仪式托钵僧旋转舞。鼓手们一一入场，他们头上包着白色的头巾。圆圈的中央站着一位托钵僧，他戴着一顶高高的象征着墓碑的驼绒帽，胡须刚刚精心修剪过，看上去比主持唱经的长老更加年轻。

唱经声此起彼伏，不时变换着节奏和速度。男士们身上开始出了汗，沿着圆圈舞动起来，逐渐合并成一个大圈。戴着驼绒帽的托钵僧，开始在圆圈的中央旋转起来。他穿着一身素白长袍，张开双臂，如痴如醉地旋转着，宛如梧桐树上落下的一粒种子。

从某种程度上来说，旋转舞早在伊斯兰教创立前就已萌芽。猎人宰杀猎物前后都会跳旋转舞，军团在迷茫不知所措时也会跳这支舞。楼上走廊的老妇人开始随着鼓声摇起头来。眼前的旋转舞，与游客们在伊斯坦布尔各地欣赏到的甜蜜美妙的托钵僧旋转舞截然不同，这里的更像是一场汗蒸仪式。

主持唱经的长老在最内侧的圆圈领舞。他与两旁的人手拉着手，身体一左一右地舞动着。旋转时，托钵僧的头微微右倾，身体绵软无力，仿佛双脚失去了知觉，而精神已去往"另一个世界"。

"这种宗教仪式，"塞巴斯蒂安小声说道："是由鲁米建立的。代代相传，才有了如今我们所看到的舞蹈。想一想，这支舞是当地人利用空余时间学会的。放到 20 年前，跳旋转舞可是违法的。"该仪式曾被凯末尔勒令禁止，直到最近 10 年才复兴起来。

我朝着祈祷室后方的沙发走去，把自己挤进两位边吟唱边摇头的老人中间，顺势往墙上一靠，感到头晕目眩。我用双手支撑着身体，好让自己站稳。透过墙上的窗户，我朝楼上的走廊望去，只见网隔后面的老妇人都在齐刷刷地摇晃着脑袋。有几位年轻人来晚了。他们在地毯上跪地叩拜，疑惑地看了看我，便起身加入这集体的冥想之中了。

塞巴斯蒂安走了过来，往旁边的桌子上一坐，问道："你的脸色很苍白。没事吧？"

"就是有些头晕。不碍事。"

"我知道，这种感觉很奇怪，尤其是第一次看这样的舞蹈。"

我有些醉了，和所有参拜者一样。

仪式仍在继续。时间已经过去了两个小时，是时候该悄悄地离开了。

可还没等我们商量完，仪式就已经开始收尾。之前蜂拥进入房间的参拜者，此刻正纷纷往外走，涌入厅堂。参拜者一面往外走，一面往两侧分开，在中间留出一条狭长的通道。这条通道显然是为长老留下的，他会沿着小道往前走，然后坐在那把专门为他准备的红丝绒包边扶手椅上。也就一眨眼的工夫，参拜者坐下休息的沙发旁就多了把扶手椅。长老拂去额头上的汗水，沿着狭长的通道往外走，身旁围绕着的信徒无不对他充满敬意。

他叹了口气，坐在扶手椅上，两名助手来到他的身后。他们拉开长老的衣衫，塞入一块衬垫，好让他的皮肤跟汗水浸湿的布料隔开，头上戴着的白帽也换了一顶。长老看上去 60 岁左右，目光锐利，蓄着灰白色短须，一头平直的短发。"烟。"话音刚落，便有人递上一根骆驼牌香烟，接着又有一个人冲上前用打火机为长老点烟。信徒紧紧地簇拥在长老身旁，我和塞巴斯蒂安就这样被堵住了去路。于是，我们立刻起身准备离开。长老缓缓地吐出一口烟，朝我们看了一眼，用土耳其语说道："你们不用离开。"这下，我们别无选择，只得乖乖坐下，继续忍受着拥挤的人群。长老开始一一回答信徒们提出的问题，内容涵盖生死以及介于生死之间的万物，整个过程中他连着抽了 8 根香烟。

每当长老给出深刻的见解，信徒们便一同长叹，将手放在胸口，以示敬服。一位巴基斯坦记者来到长老身边，他身旁还站着一位土耳其语翻译，也是信徒之一。这名记者留着一把灰白色的胡子。虽然他听不懂土耳其语，但是不管长老说什么，他的脸上总是挂满笑容。他用英语问了几个简单的问题，长老援引《古兰经》里的经文，用阿拉伯语进行了回答。

"听明白了吗?"长老用英语问巴基斯坦人。

巴基斯坦人没有听懂阿拉伯语。

"长老的意思是说，旋转舞让我们摆脱现世的自我，去往另一个世界。"

"没错，摆脱自我。"巴基斯坦人重复道。

"我们试图摆脱清醒的意识。"

"啊，对。"巴基斯坦人忽然紧张起来，看上去有些困惑，他问道："你是说我们会进入另一种意识状态吗？"

"正如鲁米说的，让我们喝下爱之酒。"

"对，爱。"

"爱是我们为之奋斗的目标。一切都是为了爱。爱无法凭空产生。更不可揠苗助长，一切都必须顺其自然。"

谈话的气氛开始紧张起来，是因为酒的缘故，虽然只是隐喻意义上的酒。激进派之所以一直痛恨苏菲派，就是因为苏菲派不仅用酒来比喻令人陶醉的美妙的爱，还呼吁信徒去爱基督教徒和犹太人。

巴基斯坦记者的出现，倒是让我听懂了些问答的内容。长老不停地夸夸其谈，一根接一根地抽着香烟，还不时开点无关痛痒的小玩笑，想吃巧克力饼干或是想喝茶了，便会有人端着摇晃的托盘，送来点心和茶水。整个问答环节持续了一个小时。长老总算有些乏了，这才结束了问答。信徒纷纷站起来，礼貌有序地走向门口。屋檐的冰柱滴着水，我和塞巴斯蒂安穿好鞋子，来到街道上。那群身穿黑衣的胖女人再次围了上来，向我们伸手乞讨。

费夫齐帕夏街的另一头，有几条小路向坡下延伸，从昔日的古老街区穿行而过。如今，古老街区已不复存在，取而代之的是大片林立的水泥住宅楼。住宅楼的外墙上，盘根错节地装着许多卫星接收器。楼房间高挂的路灯随风摇摆，前后晃动，小巷里忽明忽暗。我同库尔图瓦先生道别，并祝他晚安，然后独自一人走在路上。我依然沉浸在苏菲派旋转舞所带来的陶醉之中无法自拔，直至来到几栋暗橘色建筑前的椭圆广场。广场上矗立着一根罗马凯旋柱。那是马尔西安柱（Column of Marcian）。

在这片商贾和托钵僧都难以区分的街区中央，灰色的花岗岩立柱遗世而独立，支撑着科林斯式的柱头和饱经沧桑的四边形大理石基座。马尔西安柱建于公元 455 年，由马尔西安皇帝的执政官建立，其基座的四面分别刻有双翼胜利女神尼姬（Nike）、基督密文和鱼形符号。刻有拉丁字母的凹陷处原先填有青铜，如今已侵蚀殆尽，不过这并不影响人们对其大意的理解：瞻仰为纪念马尔西安皇帝所建立的雕塑和立柱，执政官塔蒂亚努斯（Tatianus）谨立。土耳其人习惯于将马尔西安柱称为少女圆柱，因为基座上刻有胜利女神尼姬的精美雕像，她裙袍飘逸，双翼虽被侵蚀而变得模糊不清，但其轮廓却仍然清晰可见。那一瞬间，我想起了巴勒贝克酒神庙中那块浮雕里翩翩起舞的少女。也是同样的动作，提步向前，宛若起舞，仿佛是在告诉我们，在另一个世界，也有醉酒起舞的少女，她们因此而获得了永生，而她们沉醉着迷的模样，为人称颂，流芳百世。

15
温莎酒店的黎明

Twilight
at
the
Windsor
Hotel

我越发爱上了在晚上6点10分饮酒。在这个没有生机的世界里，再没有什么能与之相提并论。

晚上 6 点 10 分整。我从温莎开罗酒店的房间里走出来，沿着电梯井旁冷冷的楼梯往下走。电梯井非常陈旧，看上去很不安全，一想到要走进电梯，我就不由得心跳加速。尽管如此，穆斯塔法还是一如既往地站在电梯门口，为我打开那扇斑驳的铁门。他身上穿着的那套深蓝色制服，或许从温莎酒店成为英国官员的俱乐部开始就没有再换过，好几代的电梯操作员都穿过这身。看到我，穆斯塔法那金色的眼睛一下子有了神采，满是对小费的期待。"先生？"他大声喊道，抬手邀请我走入他那铺着地毯的狭窄铁笼。归根到底，载着醉汉往返于装潢俗丽的客房和二楼有名气的酒吧是他的工作职责所在。不管他们是否怕死，穆斯塔法都得让他们乘坐电梯。

他能做到这些，主要靠的是厚脸皮。"亲爱的，您可真准时。"他的眼神仿佛在说。我从他身边走了过去，拒绝了他的好意。手动操作的电梯无异于死亡陷阱，虽然之后我可能会需要坐电梯。我下楼来到酒吧。那段时间埃及正动荡不安，所以酒吧像往常一样没什么客人。但这里的电视是从来不关的，屏幕上仍大无畏地播放着各种肚皮舞表演与合成音乐。我不由自主地朝桶背椅走过去。可我又怎么忘记仅有几步之遥的解放广场[1]呢？开罗的大街小巷，都弥漫着浓浓的焦虑和自我仇恨。今年冬天，游客要么闭门不出，要么就去塞舌尔游玩。

一家历史悠久的酒吧，必须有一位见识丰富的酒保镇场。在温莎酒店，马尔科就是这样一位酒保。马尔科身高只有 1.65 米，但是握起手来给人的感觉却是最坚定有力而又不失亲切的。很快，你就会开始好奇，他这样一位年轻的酒保曾为劳伦斯·德雷尔[2]倒过酒这件事，到底是不是真的。在开罗这座城市，一切都不会被遗忘。以楼梯井的墙面为例，上面贴着很多旅游海报。也许你会说，这是手绘海报，都是瑞士航空公司在 20 世纪 20 年代发行的。其中一些海报上画着德国铺着鹅卵石的广场，而这些广场其实早在多年前就被英国空军炸毁。还有一些海报画的，是魏玛时代到处都是百万富翁的圣莫里茨（Saint Moritz）。温莎酒店建于 1900 年左右，起初是皇室浴场，后来被大名鼎鼎的菲尔德酒店（Shepheard's Hotel）所收购，

1　解放广场（Tahrir Square）位于埃及首都开罗市中心，比邻尼罗河畔，被称为埃及第一广场。
2　劳伦斯·德雷尔（Lawrence Durrell，1912-1990），英国小说家、诗人、剧作家，生于印度的贾朗达尔。代表作为《亚历山大四重奏》。

作为其附属酒店。1952年革命爆发后，温莎酒店被一名暴徒烧毁。

温莎酒店的酒吧，是我在中东地区最喜欢的酒吧。第一次踏入酒吧，你会发现这里的一切都还维持着军官俱乐部的原貌，该有的装饰一样不少。酒吧的墙上挂着大大小小的鹿角，其中一些鹿角很小，像是撒哈拉沙漠独有的、已经灭绝的小型鹿种的骸骨。吊灯上垂下一串串用线缠在一起的鹿角。除此之外，还有羚羊皮、瞪羚皮、野山羊皮、深色的原木、低矮的书柜和套着灯罩的台灯，酒吧的橱柜里摆满落了灰的沃玛尔·哈耶尔葡萄酒[1]和埃及本土啤酒时代啤酒[2]。好一个时代错位，这里一看就是1942年弗莫尔和德雷尔那个年代的酒吧。

托马斯·爱德华·劳伦斯被誉为"阿拉伯的劳伦斯"。当年他攻下亚喀巴（Aqaba）凯旋时，一到开罗就直奔这里。大卫·里恩在影片《阿拉伯的劳伦斯》中，对这一幕进行了再创作，成为一代经典。电影中富丽堂皇的布景，其灵感或许来自菲尔德酒店。菲尔德酒店坐落于艾兹贝卡亚公园旁，距离温莎酒店仅两个街区的距离，如今

---

1 沃玛尔·哈耶尔葡萄酒（Omar Khayyam）是印度最著名的发泡葡萄酒，产自印迭戈酒庄。

2 时代啤酒（Stella）与比利时产时代啤酒（Stella Artois）不同，是埃及本土酿造的一款啤酒。

已改建为一座加油站。

1917 年，劳伦斯来到温莎酒吧时，据说是一身贝都因人的打扮，在酒吧里点了一杯酒喝。除了这儿还有其他的酒吧可去吗？

温莎酒店位于开罗市中心的后街小巷里，不太起眼。19 世纪时城市的核心地带，历经数十年的沧桑，已不复当年辉煌，也不再是那个豪杰辈出的城市。法鲁克国王[1]、著名演员奥玛·沙里夫[2]和肚皮舞大师乌姆·哈尔索姆（Om Kalthoum）都来自这里。开罗有着像巴黎那样迷人的林荫大道，有像雷奥穆尔街上那种带阳台的公寓楼，有着最古老的餐馆和著名的酒店酒吧。在这里，可以尽情过着不受宗教桎梏的浪荡生活。开罗和贝鲁特一样，堪称东方巴黎。

我点了一杯金汤力，可是没有汤力水。这么大的纰漏实在是说不过去。不过好在有苏打水，我可以喝杯苏打威士忌，然后吃上一盘口感顺滑的鹰嘴豆。我在吧台前坐下，身边还有三到四位年长的埃及绅士和波希米亚男人（现在这两个词几乎是同义的）。我注意到，他们的手机铃声很耳熟，但是要确定是哪首曲子，需要花点时

1　法鲁克一世（Muhammad Farouk, 1920-1965），1936 年起为埃及国王，1952 年在纳赛尔领导的军事政变中退位。

2　奥玛·沙里夫（Omar Sharif, 1932-2015），埃及著名演员，曾在电影《阿拉伯的劳伦斯》中饰演阿里王子一角，后主演电影《日瓦戈医生》。

间。难以置信的是，这首曲子竟然是沃恩·威廉斯[1]的《云雀高飞》（*The Lark Ascending*）。这么一首英国古典乐曲究竟是如何出现在当代埃及人手机曲库中的呢？我无处求教，因为没有人知道答案。

我发现，这几位绅士都颇具文艺气息。他们温文尔雅，戴着椭圆形的太阳镜，身穿一身素色的狩猎装，同时搭配着口袋方巾。他们的鼻梁缺乏棱角，有些塌，皮肤粗糙，脸上有斑点和疤痕，但举手投足都十分优雅得体。我猜，他们是萨达特（Sadat）时代的那一辈人，深受20世纪60年代埃及黄金时代的影响，当时的开罗市中心是谈情说爱的天堂。其中一个人摇摇晃晃地朝着吧台走过来，又点了一杯埃及威士忌。这款酒熟成时间较短，还很生。不过，只要是熟悉的东西，都能抚慰人心。

"英国人？"他说着，找了个由头，与我握了手。那双藏在椭圆形有色太阳镜后的眼睛，带着迷人的狂野。接着，他朝我靠了过来（埃及男人有时会这么做），一下子变得亲密起来，全然不在乎我的木讷反应。他加重语气，在我耳边小声地说道："可算找到你了！"

英国人在这座城市，在这片逐渐腐朽褪色的市中心地带，留下

---

1 沃恩·威廉斯（Vaughan Williams，1872-1958），英国作曲家。《云雀高飞》是他于1914年所创作的小提琴浪漫曲。

了属于他们的印记，比如说酒吧。英国人所留下的回忆，在这里延续了数十年，才渐渐消逝。自1798年拿破仑大举入侵埃及以来，这支嗜酒如命的精锐部队是最后一批来到埃及的欧洲人。他们对开罗这个驻地不屑一顾。这支号称由学者组成的军队，掀起了埃及酒文化的复兴浪潮，造就了前文所提到的林荫大道以及开罗、亚历山大市中心林立的高楼，并通过小说家阿拉·阿斯瓦尼[1]（如果不考虑文学泰斗纳吉布·马哈富兹[2]）的作品，特别是《亚库比恩公寓》（*The Yacoubian Building*），展现了这座城市独一无二的魅力。

在英文版小说的前言中，阿斯瓦尼原先是牙医，他描述了自己为开一家新的牙科诊所，跟着房产中介奔走于开罗市中心各处选址的经历。对阿斯瓦尼这样的埃及中产阶级而言，他并不清楚开罗的核心地带正在衰败，这一切出乎他的意料：

这段经历让我萌生了一个重要的想法：市中心的地位为何如此举足轻重？为什么市中心与开罗其他地区差距悬殊？事实

1　阿拉·阿斯瓦尼（Alaa Al Aswany，1957- ），埃及作家。《亚库比恩公寓》于2006年被改编为同名电影。

2　纳吉布·马哈富兹（Naguib Mahfouz，1911-2006），埃及作家，1988年获诺贝尔文学奖。代表作为《我们街区的孩子们》《宫间街》《思宫街》等。

上，市中心不只是住宅或商业中心，其作用远大于此。它代表着一个时代。在这个时代里，埃及包容并接纳了来自不同国家、宗教和文化背景的人。穆斯林、基督教徒、犹太人、亚美尼亚人、希腊人和意大利人都在埃及生活了数个世纪之久，并将埃及视为自己真正的家园。市中心正是埃及充分吸收和融合不同文化的写照。埃及的现代化历程可以追溯至穆罕默德·阿里[1]时代，并一直延续到1970年逝世的加麦尔·阿卜杜勒·纳赛尔。在我看来，市中心是埃及现代化建设的范例。但是，市中心的没落和凋零是必然的，其重要性会随着代表性特征的消失而降低。不同文化间的和谐共处也随之画上句号。自80年代以来，埃及陷入了瓦哈比派思想的怪圈，对伊斯兰教义温和开明的阐释开始出现了转变。

我离开酒店，来到阿拉非·贝和七月二十六日酒店之间拥挤狭窄的街区。街道两旁的树木昏昏欲睡，看上去仿佛是远古森林的化石。一些餐厅分布在白色条状照明灯的下方，一根根水烟斗和箩筐里的煤炭在寒冷的天气里冒着烟。阿拉非酒店可通往欧拉比广场。

---

1 穆罕默德·阿里（Muhammad Ali, 1760-1849），奥斯曼帝国驻埃及总督，穆罕默德·阿里王朝的创立者，被称为现代埃及的奠基人。

不少水烟斗咖啡厅开在这块空地的周围，它们位于很少有汽车停着的小巷之中，这里还有几家当地的酒吧。其中最为俗丽的要数舍赫拉查德酒吧，需要沿着晦气的台阶走到顶才到，墙壁上贴满了昔日肚皮舞大师的画报。

这家酒吧只有一个房间，舞台就搭在它的另一边，酒吧的装修风格是对阿拉伯噩梦的怀念。我偶尔会来这里喝时代啤酒，看着客人往丰满女郎的文胸里塞满英镑，这和贝鲁特或迪拜肚皮舞女郎文胸里塞的钱相比，不值一提。这种地方总免不了有点性骚扰、见不得光的意味，仿佛那些被酒吧管理人员雇来招徕客人多消费酒水的放荡女郎们，从来不曾忘记开罗街头上的女孩此刻正包着头巾。没有被遮挡住的美丽秀发比任何时候都显得异类，这意味着，在舍赫拉查德酒吧，她们是供客人们竞相追逐的猎物。

不远处，七月二十六日酒店的另一头，沿着熙熙攘攘的香草大街人行道往前走，橱窗里数千个服装模特为日趋保守的女性展示着端庄得体的服装。开罗还有其他更为隐秘的酒吧和肚皮舞俱乐部，如今它们已经撤下显眼的标牌，只做熟客的生意。

七月二十六日酒店坐落于各式服装店之间，酒店的大门开在一条以圣甲虫酒店命名的小巷里。沿着这条小巷往前走，一路上经过更多时装店，还经过这家酒店陈旧不堪的大堂，以及一些咖啡馆，里面的客人总喜欢下西洋双陆棋[1]。

每次想抽水烟斗了，我就会来到圣甲虫小巷尽头的庭院式咖啡馆，来到这方从旧式公寓大楼间挤出的天地。知道圣甲虫小巷的人不多，所以目前还没有被整顿，但肯定也撑不了多长时间了。

再往里走，就会看到不少情色酒吧。左边是人生百味酒店和一家俱乐部，右边则是梅亚姆俱乐部和万花筒影院，它们在过道摆上广告牌，招徕顾客前去，广告牌上写的是"看精彩电影，赌好运连连，尽在万花筒"。黄昏时分，附近的小型清真寺，还有很多电视机和收音机开始播放宣礼歌。咖啡馆店主纷纷点亮五彩灯光，通往俱乐部的过道开始焕发生机，穿着高跟系带皮靴的高挑女郎卖弄着风情，皮条客在一旁招揽客人。

我常常看到有裹着头巾的妇女坐在庭院式咖啡馆里面抽水烟斗。走进咖啡馆的时候，她们的脸上挂着吃惊和恐惧，还有一丝不易察觉的好奇。这些夜店女郎非常清楚，再也没有什么看不见的手会为她们遮风挡雨，社会时势对她们不利，她们只能依附于源源不绝的男性欲望求得生存。或许这是她们的一条出路。

我坐在这里，不只是为了摆脱开罗，更是为了摆脱伊斯坦布

1　西洋双陆棋（Backgammon）靠投骰决定走棋步数，将所有棋子移回己方主盘并移离棋盘为胜。

尔。这片狭小而嘈杂的地带展现了埃及的混乱与幽默。比起阿克萨拉伊，圣甲虫小巷只能算是小巫见大巫。咖啡馆里奇怪的杆子顶部挂着好几只填充好棉花的老虎布偶，它们的尾巴和爪子直直地垂向地面。

咖啡馆里的电视正播放着美国的摔跤比赛，先前那一拨裹着头巾的妇女此刻正看得入迷，电视上穿着比基尼底裤的强壮男人倒是没有引起她们的不满。对我来说，喝杯加糖的立顿茶，抽会儿烟，就能消磨好几个小时的时光。在这里，时代啤酒是公开售卖的。当我问起啤酒的事情时，邻座的人告诉我，其实埃及人并不认为啤酒是罪恶之酒。"毕竟，"他说，"啤酒是我们发明的，我们总不能连自己发明的啤酒也禁止吧。"

这番话或许有些道理。在埃及博物馆的一个展馆里，摆放着从位于底比斯的中王国[1]大臣梅克特拉（Meket-Re）的墓葬中发掘出来的多个陪葬模型。在这里，你能见到各式作坊的迷你模型。其中一个是啤酒厂，只见 7 个小人正把双手插入啤酒发酵罐中，忙碌地劳作着。这些保存完好的模型——船舶、作坊以及精心绘满无花果树的花园洋房，无不象征着墓主人生前重视的东西，希望能够带去

1　中王国（Middle Kingdom）是古埃及历史上的一个分期，为公元前 2040 年至公元前 1786 年，首都为底比斯。

来世。也就是说，4000年前的梅克特拉希望自己来生也能继续享用啤酒。而在另一只船舶模型里，梅克特拉侧卧于公牛皮遮蔽的荫凉之下，一边闻着荷花的芬芳，一边享受着宫廷乐师的表演。

待到夜幕降临，我便会起身去梅亚姆俱乐部，在昏暗的角落找张桌子坐下，注视着台上热舞的女郎，然后走到那几张嘈杂而客人们不放纵的酒桌。男人们坐在座位上，有些意乱情迷。在这里，女郎们不卖身，她们只负责推销酒水。

有时，我还会多走几步路，来到香草大街上的阿米拉酒吧。这家酒吧由四个房间组成，每个房间都配有现场音乐表演，里面的氛围同其他酒吧没什么不一样。音乐震耳欲聋，偶尔还会有男人搂着女孩跳舞。整个酒吧里很昏暗，全然没有一点新清教主义（The New Puritanism）的痕迹。人们去酒吧有多大程度上只是为了摆脱他人口中的现实生活？但如果这所谓的现实生活既不真实，又让人倍感痛苦呢？社会变得日益封闭狭隘呢？

在开罗市中心，你可以辗转于多家不同的酒吧。因为这些酒吧还尚未被政府取缔，但前提是你必须得知道酒吧的位置。要做到这一点，就需要对大街小巷有基本的了解。这些常识要么通过口头获得，要么通过路线的一次次试错得到。总之，这些酒吧是绝对不会出现在广告当中的，它们大都盘踞在昏暗狭窄的小巷和过道的尽头。而开罗道路之复杂，与其他城市相比更像是一座迷宫。沿着七月二十六日酒店的方向往前走、靠近解放广场的地方有一家叫尼罗河慕尼黑的奇怪酒店。这家酒店的户外餐厅，四面环绕着公寓大楼，肚皮舞酒吧位于酒店一楼。乌尔雷耶酒吧是游客常去的一个地方，那儿时常会有外国记者光顾。相比之下，阿布德·哈里克·萨尔瓦特街上的金角酒吧（Cap d'Or）有些年头，更加质朴。酒吧里打着刺眼的灯光，地面铺着涂了漆的深色木板，酒桌旁坐着的清一色全是男士，男服务生则游走于酒桌之间，向客人兜售开心果。

七月二十六日酒店的楼上有一家哈里斯酒吧，上去需要走一段楼梯。酒吧就藏在那几扇没有任何记号的玻璃门后面。马鲁夫街附近的奥迪恩酒店也有一家高层酒吧。那里除了糟朽的油画和难以下咽的食物，连露台上的风都满是烟灰。

有一天晚上，我到希腊俱乐部去，却发现俱乐部已经关门了。于是，我朝着比西猫酒吧或埃斯托利尔酒吧走去，一位戴着白色头巾的酒保在两家酒吧里徘徊；过了一会儿，也许是懒虫作祟，我心一横又改了主意，准备玩把更大的，去戈姆霍雷亚街（El Gomhoreya）的阿尔夫·莱拉·华·来拉酒吧、里韦拉酒吧、维多利亚酒店或穆罕默德·法里德街的夏威夷酒吧。从斯特拉酒吧到卡罗尔酒吧，再到西蒙酒吧或格麦卡酒吧，整晚都可以这样独来独往。

但通常，我还是会回到安静的金角酒吧。金角酒吧没有广告标牌，客人需从侧门进入。这里没有嘈杂的音乐，没有下流的骚扰，可以不受干扰、安静地坐上几个小时，思考死亡以及死亡来临前那些无关紧要的琐事。

我喜欢这里堆满坚果壳的酒桌，喜欢狗的气味和泛着油腻的味道，喜欢那个摆满脏兮兮酒瓶的吧台。地板上散落着开心果壳，踩上去嘎吱作响。男人们头发凌乱，衣衫破旧。他们穿着廉价的皮夹克，戴着羊毛帽。毫无疑问，金角酒吧从某种程度上来说是一家非常棒的酒吧，因为这里没有情欲，没有美艳的女郎，没有打情骂俏，没有美味的食物，没有时钟，更没有衣着得体的波希米亚男人和无所事事的俊俏少年。金角酒吧是个安静，甚至弥漫着些许悲观气氛的地方。这里只有西洋双陆棋盘能聊以解闷，却能让酒徒每每陷入美妙甜蜜的遐思之中。

在埃及这个满目疮痍的共和国里，随着萨拉菲派和穆斯林兄弟会影响力的增加，随着女性上街必须统一戴头巾（这放在两年前是无法想象的），越来越多的男性开始蓄胡须以示虔诚，开罗酒徒不禁好奇圣甲虫小巷何时也会沦为尘封的过去。这一切不会在一夜之间发生，但正是这种缓慢而渐进的改变，最难以撼动和挽回。

那年冬天，我在开罗见到了两位黎巴嫩酿酒师阿比卜·卡拉斯（Labib kalls）和安德烈·哈吉－托马斯（André Hajj-Thomas）。这两位背井离乡却甘之如饴的黎巴嫩人正是埃及唯一生产本土葡萄酒的贝夫酒庄（EgyBev）的创始人。

这家公司的总部坐落于过去十分富庶的赫利奥波利斯郊区，距离机场不远。其名下的酒厂位于红海附近的赫尔格达小镇（Hurghada），在开罗以南数百英里的位置，与卢克索（Luxor）大致平行。葡萄园是从三角洲内的沙漠地带开垦出来的。三角洲位于开罗以北约 30 英里的地方，数千年来一直于种植酿酒葡萄，这里也许是世界上葡萄种植历史最为悠久的地区。古埃及时期的葡萄园也曾坐落于此，可惜如今早已难觅踪迹，正如 100 年前希腊酿酒师内斯特·吉亚纳克利斯建立的大多数现代葡萄园那样。时至今日，吉亚纳克利斯酒庄（Gianaclis）依然存在，但已经和埃及大多数酒水生产厂家一样被喜力国际收购。吉亚纳克利斯酒庄的葡萄园和拉比卜·卡拉斯的葡萄园位于同一片三角洲上。但是喜力国际所生产的埃及葡萄酒，大多采用南非和黎巴嫩的进口葡萄。经过一番深思熟虑，拉比卜决定选用埃及本土的有机葡萄酿造葡萄酒，并推出纯正的本土葡萄酒系列如谢赫拉莎德（Shahrazade）、尼罗河花园（Jardin du Nil）和美丽太阳（Beausoleil）。葡萄园里种植的是常见的国际葡萄品种，如赤霞珠[1]、梅洛[2]、维欧尼[3]和霞多丽[4]（拉比卜用这些葡萄酿制出了北非地区唯一的起泡红酒——男爵葡萄酒）。另外，他还采用埃及特有的葡萄品种班纳提（Bannati），酿制出了一款名为美丽太阳的白葡萄酒，成为世界上唯一一款用班纳提葡萄酿制的葡萄酒。

拉比卜和安德烈属于那种接地气的、崇尚享乐主义的黎巴嫩中年人。也只有贝鲁特，才能培养出这样优秀的人才。拉比卜和安德烈都是基督教徒，公司的大部分员工也都信奉基督教。但是那些葡萄园里的工人，有的是穆斯林，有的甚至是萨拉菲派。他们一直以为自己精心照料的葡萄属于鲜食葡萄[5]，并不知道这些葡萄其实是用来酿制葡萄酒的。

事实上，众多穆斯林供应商包括罐装商和标签制造商，已经向该公司摊牌，表示按照伊斯兰教法规定这样的合作涉嫌违法。面对埃及社会的新形势，就连标签制造商也不愿意与一家酒庄扯上任何

1　赤霞珠（Cabernet Sauvignon）产自法国波尔多，适合在炎热的砂砾土质中生长，果粒小，皮厚。

2　梅洛（Merlot）是世界上种植量最大的葡萄品种之一，果粒小，呈乌蓝色，皮薄，早熟。

3　维欧尼（Viognier）产自隆河地区的康德吕和格里叶堡，为酸度较低的白葡萄品种。

4　霞多丽（Chardonnay）原产自法国勃艮第地区，为白葡萄品种，果粒小，皮薄，早熟。

5　葡萄分为酿酒葡萄和鲜食葡萄两种。鲜食葡萄的大小是酿酒葡萄的两倍。鲜食葡萄果串稀松，果粒大，而酿酒葡萄果串紧凑，果粒小。

关系。

我们驱车沿着亚历山大的沙漠公路前进。这一带过去必定是风光旖旎。可如今，这里已经进行了一部分工业开发，平原地区密集地分布着为开罗富人建设的大型住宅区。近年来，这座城市变得不再宜居。正如拉比卜所说，人们为了拥有"呼吸"的空间，开始在沙漠中建造独立产权公寓。但革命的爆发让这股建设热潮再次陷入停滞。拉比卜和安德烈在过去十年所建立的广阔葡萄园，已经成为世界上面积最大的有机葡萄产地。葡萄园的周围分布着一排排盒子形状的房屋，它们正等待着国家的再次富强。而这一天或许永远也不会到来。

我们在冬日的阳光下穿过葡萄园。茂密的葡萄藤遍布四面八方，一直延伸至地平线。拉比卜和安德烈不时停下来，监督并纠正工人修剪葡萄藤的手法。葡萄栽培的复杂工艺对于刚来葡萄园的工人而言非常陌生，因而需要不断地进行监督和指导。为了能够时时做到这点，他们有时会直接在葡萄园内席地而眠。而随着时间的推移，葡萄园里的工人渐渐熟悉了这些严苛的操作要求。但是，对于一家初始投资仅为 200 万美元的企业而言，在一个日趋保守的伊斯兰国家生产葡萄酒不可避免地存在着风险和不确定性。

安德烈今年 60 多岁了，比拉比卜要年长一些。他经历了 20 世纪 70 年代的黎巴嫩内战，这段经历也让他变得更加坚韧不拔，深谙生活的乐趣。我们沿着一排霞多丽葡萄藤漫步向前，安德烈弯下腰，不停地捧起一把把混杂着石子的沙土，然后任沙土从指间缓缓流泻下来。

"我在埃及再待五年。五年之后，我们俩都会离开这里。其实我很清楚，穆斯林兄弟会，或者说更为极端的萨拉菲派，会按照他们的想法重新塑造这个国家的文化。埃及有五成的人不识字，有一半的埃及人相信一名出色的穆斯林政治候选人绝不可能是坏人。如果伊玛目让他们为这样一位候选人投票，他们一定会照做。"

他继续说道，埃及人并不认为啤酒属于酒精饮料，也因此破例不对其征收重税。在埃及，啤酒被视为国饮，而且可能一直如此。但是葡萄酒不同，政府对葡萄酒征收重税，而且葡萄酒在市场上也不大受欢迎。它和烈酒一样，被埃及人视为来自欧洲的外来物，认为其本质是罪恶的。另外，葡萄酒也不像威士忌和伏特加那样，有着与生俱来的魅力。

在纳赛尔的统治下，埃及风靡一时的主要是去殖民化[1]世界中常见的几款酒。酒作为一种殖民遗产，无处不在，并一直保留至今。事实上，除了抽象化的种族观念，几乎所有的殖民遗产都得以保存下来。尽管民族解放运动曾经迸发豪言壮语，但威士忌和苏打水始终保持着和电网、公路以及机场同等的重要地位。直到伊斯兰教的到来，这一趋势才开始有所变化，大部分遗产虽得以保留，但不包括酒、音乐和电影。

与此同时，埃及革命并没有让拉比卜和安德烈看到一丝希望。埃及社会缺乏制度核心，而任何制度都不可能凭空产生，更不可能在一夜之间建立起来。近半个世纪的时间，埃及的政治一直处于真空状态。1952 年革命爆发后，军队迅速填补了国家的权力真空。从那以后，军方就一直掌控着国家权力。在过去数十年的时间里，埃及日渐衰败，全国文盲人数高达 4000 万。总有一天，开罗这座城市也将随之分崩离析，化为废墟和尘土。

出于好奇，我问了他们一个问题：开罗能否像黎巴嫩内战后的贝鲁特那样在索立迪尔建筑公司的建设下得以恢复和重建呢？他们耸了耸肩。黎巴嫩内战摧毁了贝鲁特，使这座历史名城几乎覆灭。

1　去殖民化（Decolonization）指殖民统治终结，被殖民者政治上获得独立，在各方面摆脱殖民主义影响的过程。

其重建之所以成为可能，是因为贝鲁特市中心的土地完全处于索立迪尔公司的控制之下，因而在这片土地上建起一栋栋闪闪发光的摩天大楼。开罗的情况则恰恰相反，这座城市正在凋零衰败，却还没有到被摧毁的程度。所以，它的衰败将会不断继续下去。这是混乱，是无序，而不是重塑。如果你想看的是好的那一面，那么告诉你，这说明了埃及人不是那种会因为分歧和差异而自相残杀的民族。

"还有一点，"我们来到拉比卜建造的有机堆肥区时，他总结道，"我们是埃及仅存的唯一生产纯正本土葡萄酒的公司。可即便如此，吉萨政府还是不允许我们把酒庄就近建在葡萄园旁边，而是要求我们把它建在 400 英里以外的地方！"

这里飞到赫尔格达仅有一小时航程。第二天，我们来到了赫尔格达。从这座海滨小镇出发，驱车沿着海岸往北行驶半个小时，就到了位于艾尔古纳的一处高档度假区。这里就是两位黎巴嫩酒商工作和生活的地方。酒庄建在码头旁一座仿阿拉伯风情的土坯村落附近。拉比卜和安德烈在另一处阿拉伯风格的建筑群中，买下了属于自己的公寓。楼房间鹅卵石铺就的小巷，让人不禁想起海湾地区麦地那精心修缮的鹅卵石小径。

艾尔古纳（El Gouna）在风格上非常接近迪拜。商店、餐厅、俱乐部、航海用具专卖店和古董店应有尽有，全部汇集在一栋购物商场里。这栋大厦显然是用当地材料建造起来的，而且实现了无线网络的全覆盖。艾尔古纳是一处封闭式社区，一切都是从零开始建造起来的。对于开罗富豪而言，这里是他们梦寐以求的地方，是生活便捷、纤尘不染的世外桃源。纨绔子弟们乘坐着埃航包机来到艾尔古纳，他们身穿杜迪和博柏利等名牌，操着一口阿拉伯式英语滔滔不绝。码头上停满了在世界各地港口注册的豪华游艇。酒在这里自由流通，到处都可以买到。

艾尔古纳不仅是西方的象征之一，更是西方在沙漠景观中遥远一隅的前哨。它不断告诉世人，那些口口声声喊着世俗文明即将覆灭的人，其实恰恰是无法抵挡世俗诱惑的伪君子。而尊重酒徒、崇尚个人自由的文化，同产科病房空无一人、公共财政陷入死循环、自私言论无人买账的文化，是一样的。

我们利用白天的时间参观了酒庄。这里的一切都非常先进，从各方面来说，都与西方类似的酒庄不分伯仲。我们坐在钢制发酵罐中间，每种酒都喝上一点，进行垂直品鉴[1]。其中一款是埃及地中海俱乐部度假村里出售的百味葡萄酒月亮礁（Moon Reef），主要面

1　垂直品鉴（Vertical tasting）指品鉴同一酒庄、同一款但不同年份的葡萄酒。

向低端市场。另一款则是采用香槟酿制法酿造而成的男爵红葡萄酒（Le Baron）。

拉比卜描述了带着自产的葡萄酒参加蒙彼利埃国际贸易博览会的经历。收获奖牌和赞美的同时，困惑也随之而来：埃及葡萄酒的销路并不好。就连埃及人自己对此也并不看好，持怀疑态度，还用帕纳多尔酒庄（Château Panadol）来形容国产葡萄。这样的想法其实根本站不住脚。拉比卜还酿造了一款质量上乘的格拉巴酒[1]，可是埃及人却照样不喝。亚力酒才是他们最好的选择。

但亚力酒也并非埃及的国饮，啤酒才是。晚上，我们坐在码头餐厅，一边享用着纯正美式风味的食物，一边品味着尼罗河花园红葡萄酒和优雅的美丽太阳班纳提白葡萄酒。拉比卜和安德烈若有所思地说道，看来最终还是逃不过要回到黎巴嫩的命运。那么去西方国家如何呢？我问道。

他们回答说不行。如今的西方已经没有过去那么有吸引力了。西方的市场呈现饱和，正逐步迈入老龄化，加上税率过高，在那儿生活并不愉快。而且拉比卜和安德烈都是阿拉伯人，他们希望能生活在阿拉伯人的圈子当中。拉比卜和安德烈想通过改变阿拉伯人的

1　格拉巴酒（grappa），即渣酿白兰地，一种以酿葡萄酒后残留的葡萄渣（葡萄皮、果梗与籽）为原料制作的蒸馏酒。

口味来影响阿拉伯人。另外，在埃及酿制葡萄酒至少算是冒险和创新，但放在西方就另当别论了。或许有一天，埃及的中产阶级会厌倦一成不变的草莓果汁，转而饮用产自三角洲地区的纯正本土葡萄酒。但这一切都取决于埃及这片土地是否能再度繁荣起来。

"你看到了吗？"安德烈有一天晚上说道，"那位在议会的会议中途吟唱祈祷文的埃及议员？那段视频在网上广为流传。现场差点打了起来。那名议员叫马姆杜·伊斯梅尔，是萨拉菲派政治家。他当时怎么也不肯住口，议长大声呵斥才停了下来。这就是大势所趋。没了这些唱祈祷文、干扰秩序的疯子，他们在议会上就谈不了正事。他们巴不得把我们栽培的葡萄园一锅端了，他们说会这么做的。"

艾尔古纳码头上有一家著名的酒吧，叫洛卡洛卡。震耳欲聋的音乐响彻整个度假村。透过酒吧的窗户，可以看到随着音乐扭动的身影。

"埃及人骨子里，"拉比卜说道，"似乎有着某样东西，能阻止这一切的发生。或许这么说不对。但曾经也有人这么说过伊朗。"

"可是伊朗的历史并没有终结，"我说道，"和埃及一样，伊朗的历史比伊斯兰教更为悠久。就时间跨度而言，黎巴嫩的历史渊源也要比伊斯兰教更为深远。"

"历史不及伊斯兰教悠久的，恐怕也只有阿拉伯半岛了。但是在这里，人们对于古埃及的认识根深蒂固，挥之不去。"

模型上绘制的精巧小人有着壮实的胸膛和臀部，这些中王国大臣梅克特拉的啤酒酿酒师，不只存在于开罗的埃及博物馆中。

"埃及的，"他继续说道，"饮酒文化如啤酒，早在伊斯兰教到来之前就已存在数千年之久，可以说是深入人心。虽然我不清楚中世纪的开罗人喝不喝啤酒，但我敢打赌他们是喝的。"

"直到今天，啤酒依旧是埃及的国饮。"

撇开酗酒成风的法蒂玛时期不谈，我想到了凯雷尼书中提出的啤酒和蜂蜜酒可能发源于埃及的论断。天狼星再度现身的 7 月，是发酵的开始，四处弥漫着令人陶醉的奇妙氛围。如果埃及人饮用蜂蜜酒的历史长达 5000 年甚至更久，那蜂蜜酒就不可能遭到废止。还有一点很奇怪。蜂蜜酒直至现代都一直是英格兰人的主要饮品，也是如今唯一无法以商品形式购买到的酒。盎格鲁 – 撒克逊人把这款源自尼罗河的永恒的蜂蜜饮品称为梅芙（Meodu）。

后来，我们一行人又去了洛卡洛卡酒吧，品尝了几杯后劲十足的鸡尾酒。这里的酒浓烈极了，饮酒者那副醉态更像是喝了麦斯卡尔酒，而不是什么普通的酒。酒吧里灯红酒绿，鱼龙混杂，大都是埃及人、黎巴嫩人和欧洲人。他们全无顾忌、肆意忘我地痛饮着。酒再次与肉体自由交融缠绕在一起。正如罗切斯特伯爵[1]笔下所写的：

> 丘比特和巴克斯，我的圣徒啊，
>
> 愿爱与酒长存，
>
> 美酒让我忘却一切烦恼，
>
> 尽情放纵沉沦。

回到开罗后，我独自在温莎酒店住了几天。每天晚上，我都会下楼，来到那家装饰着鹿角的陈旧酒吧，配着几盘鹰嘴豆泥，喝几杯倒胃口的沃玛尔·哈耶尔葡萄酒（Omar Khayyam）。酒吧里没什么客人。马尔科把胳膊倚靠在吧台上，和我聊起了过往。那时的开罗是何等辉煌！数不清的珍贵烈酒，吸引着众多知识分子和有品位的人士蜂拥而来，只为在这里从容闲适地喝上一杯。而如今，一切都已经成为过去。

那些知识分子和名流何在？昔日的优雅和技艺又去哪儿了呢？埃及深邃的奥妙，一定还存在于这片土地的某个角落，如同一条暗

1　约翰·威尔默特，第二代罗彻斯特伯爵（John Wilmot, 2nd Earl of Rochester, 1647-1680），英格兰放荡主义诗人，国王查理二世的宠臣。

流，只待重见天日的那一刻。虽然有过黑暗的禁酒时期，但从乔赛尔法老那个年代开始，酒从来没有在这片土地上消失过。

走在七月二十六日酒店旁的人行道上，有时会路过一些老式的酒水专卖店和小酒馆，让我不禁想起了巴基斯坦的"许可房间"。其中一家大点的商店叫欧菲尼德斯，一看就知道之前的店主是希腊人；还有一家叫汉巴里斯的街角小店，距离前面那家店仅有几个街区之遥，橱窗里总是摆满了各种市面上不太常见的国产酒，很多在酒吧里都没见到过，比如扎比芭特级亚力酒（Zabiba Extra Arak）、鲁卡德（Rucard）、瓶身以沙黄色作底贴着棕榈树可爱标签的扎伊亚（Zahia）、格兰威士忌（Grant's）、高地威士忌（Highland）、被誉为"古埃及威士忌"的比乌利威士忌（Biulli's）、瓦迪马威士忌（我猜是在故意恶搞白马威士忌[1]）、芝华士"埃及产"苏格兰威士忌、红希腊士兵茴香烈酒（Red Greec Soldier）、标签上标注着"超古老埃及饮品"的马塞尔威士忌（Marcel J & B）、法式风味"马蒂尼翁"红桶牌酒（Matignonne）、落满灰尘的瓦伦丁"马尔塞尔"啤酒（Marceil）等。更让人望而却步的，是一种看上有些吓人的矮口瓶，瓶身上贴着一张写着"伏特加产自开罗"的蓝色标牌，5埃镑一瓶。在冷清的

1　白马威士忌（White Horse）是苏格兰调和威士忌，由40种左右的单麦威士忌调和而成。瓦迪马威士忌（Wadie Horse）的发音与其相近。

酒店客房里，一瓶下肚便会立刻醉倒。

与进口酒不同，国产酒无须缴纳 450% 的重税。终于，我在这些千奇百怪的国产酒中，找到了一瓶男爵玫瑰香槟。于是，我走进欧菲尼德斯，买了下这瓶酒。

店里的收音机大声地播放着伊斯兰音乐和祈祷文。店员们看到我，很是吃惊，纷纷探出头来，试图弄明白我那口蹩脚的阿拉伯语。店里的确有香槟，不过得从库房里翻找出来。等候的间隙，他们为我端来了一杯茶。或许，他们是希望我能再买一瓶产自开罗的伏特加吧。最后，男爵玫瑰香槟终于被找了出来，瓶身和店里的其他酒一样，落满了灰尘。店员拿起一块布，擦拭了瓶身，然后用报纸包好递给我。我拿着酒，穿过市中心回到温莎酒店，乘坐穆斯塔法操作的电梯上了楼，回到冰冷的房间，然后把酒放入老式冰箱里，冰镇一小时。

我打开老式取暖器，敞开窗户，走到床头柜上那部黑色的座机前。温莎酒店的座机不仅没有号码盘，就连拨号键也找不到。而且，这些座机似乎从 1950 年起，就再没有更换过了。拿起话筒能听到轻微的噼啪声。终于接通了，电话那头传来一声"您好"。我向前台要了一只冰桶。原本只是想开个玩笑的，没成想电话那头的回答却是"马上送到，先生"。很快，一位在酒店工作多年的服务员穿着吉拉巴[1]，包着头巾，准时地为我送来了冰桶。我把冰桶放在床边，在夜晚的祈祷声中打开了那瓶男爵玫瑰香槟。撕下锡箔、拧开铁丝的动作一气呵成，让我有了一种真真切切活着的感觉。曾有人这样称赞亨利·米勒[2]所写的书：阅读时的美妙感受，如同全世界所有香槟的木塞同时开启所带来的听觉盛宴。换句话说，一本书让人找到了活着的快乐。这瓶男爵玫瑰香槟散发着丰富而又新鲜的香气，口感带有一丝微酸，品质上乘。或许这是北非唯一的起泡酒，但它真的称得上是佳酿。能这样付出心血去做一件很困难而又有风险的事情，实在伟大。我开始明白，拉比卜酿酒的初衷其实是为了让自己快乐，而其他的和这一点相比都不足道。这瓶酒里注入了他温暖的灵魂，以及他对于未来的恐惧。

晚上 6 点 10 分整。我靠在床上，慢慢地品味着玫瑰香槟，街道上的晚风吹了进来，带着百年老树的气息、雪茄的烟味，出于某种原因，还有黄油爆米花的甜香。我默默地向去世的母亲举杯致意，在这样的房间里与我共进美酒，她定然是欢喜的。昏暗的房间里散发着霉味，百叶窗的合页松动摇摇欲坠。人永远无法回到最初的原

---

1 吉拉巴（Djellaba），一种宽松的阿拉伯罩袍。
2 亨利·米勒（Henry Miller, 1891-1980），美国作家，被 20 世纪 60 年代反主流文化誉为自由和性解放的先知。代表作为《北回归线》。

点。过去两年的时间里，我游历了很多在传统上禁酒的国家，并在那里喝酒。我越发爱上了在晚上 6 点 10 分饮酒，在这个没有生机的世界里再没有什么能与之相提并论。准确地说，我喜欢在埃及喝酒胜过其他任何地方，因为在这里，酒的奥秘更加脆弱，而人们对它的鄙夷和恐惧也表现得更为露骨。埃及人对酒的憎恶并不是没有道理。可同样的，这些条条框框根本算不上是真正的理由。归根到底，酒是我们的化身，是人性的具象化体现。抵制饮酒，无异于压抑我们对自身的认知。而对于这样的自我认知，我们不仅无法欣赏，甚至连基本的接受也做不到，就像是与舞伴共舞，却时刻担心自己的钱包一样。

大街上路灯发出的光亮，照到了房间里。我喝着一整瓶埃及产的起泡酒，过去的两年里品达的诗句从未像此时此刻这样，不时地浮现在我的脑海之中。他将酒神狄俄尼索斯比作"盛夏的纯粹光芒"。我永远也忘不了这句话。它似乎蕴含着某种我一直以来苦苦追寻的东西。一只死去的蚂蚁在廉价的葡萄酒杯上留下了污痕，杯口涌动着细腻的玫瑰色气泡，那束"阳光"仿佛顿时充满了我的身体。此情此景，"酒"这个字倒是显得有些遥远，与现在的心境全无干系。

我的思绪回到了过去，整个人慢慢陷入一种微醺的境地。我仿佛又回到了小时候，躺在英格兰的麦地里，等待着联合收割机驶来将我切成碎片。那时我就知道，至少我的身体选择记住这一切。这是一种宽恕，一种释怀。

喝完整瓶玫瑰香槟时，我已经有些昏昏欲睡。而当我醒来时，温莎酒店的员工早已将冰桶、酒杯和酒瓶全部清理干净。母亲似乎也离开了。我就那样独自一人沐浴在晨曦之中，等待着城市某个角落的时钟敲响 6 点的钟声，日复一日，周而复始。

图书在版编目(CIP)数据

酒鬼与圣徒：在神的土地上干杯 / (英) 劳伦斯·
奥斯本（Lawrence Osborne）著；蒋怡颖译. -- 北京：
社会科学文献出版社，2019.10（2025.5重印）
书名原文：THE WET AND THE DRY: A Drinker's
Journey
ISBN 978-7-5201-5303-4

Ⅰ.①酒… Ⅱ.①劳… ②蒋… Ⅲ.①酒文化-世界
Ⅳ.①TS971.22

中国版本图书馆CIP数据核字（2019）第169294号

酒鬼与圣徒：在神的土地上干杯

著　　者 /　[英]劳伦斯·奥斯本（Lawrence Osborne）
译　　者 /　蒋怡颖

出 版 人 /　冀祥德
责任编辑 /　杨　轩　　　　　　文稿编辑 /　胡圣楠
责任印制 /　岳　阳

出　　版　社会科学文献出版社·北京社科智库电子音像出版社
　　　　　（010）59367069
　　　　　地址：北京市北三环中路甲29号院华龙大厦　邮编：100029
　　　　　网址：www.ssap.com.cn
发　　行　社会科学文献出版社（010）59367028
印　　装 /　三河市龙林印务有限公司

规　　格 /　开　本：889mm×1194mm　1/32
　　　　　印　张：10　字　数：180千字
版　　次 /　2019年10月第1版　2025年5月第4次印刷
书　　号 /　ISBN 978-7-5201-5303-4
著作权合同
登 记 号 /　图字01-2019-2093号
定　　价 /　59.00元

读者服务电话：4008918866